David Ramiro Aguillón-Gutiérrez

Herpetofauna do Parque Ecológico de Chipinque, Nuevo León, México

David Ramiro Aguillón-Gutiérrez

Herpetofauna do Parque Ecológico de Chipinque, Nuevo León, México

Isolamento bacteriano cloacal e avaliação do estado físico

Imprint
Any brand names and product names mentioned in this book are subject to trademark, brand or patent protection and are trademarks or registered trademarks of their respective holders. The use of brand names, product names, common names, trade names, product descriptions etc. even without a particular marking in this work is in no way to be construed to mean that such names may be regarded as unrestricted in respect of trademark and brand protection legislation and could thus be used by anyone.

Cover image: www.ingimage.com

This book is a translation from the original published under ISBN 978-3-639-64672-6.

Publisher:
Sciencia Scripts
is a trademark of
Dodo Books Indian Ocean Ltd. and OmniScriptum S.R.L publishing group

120 High Road, East Finchley, London, N2 9ED, United Kingdom
Str. Armeneasca 28/1, office 1, Chisinau MD-2012, Republic of Moldova, Europe
Printed at: see last page
ISBN: 978-620-8-19591-5

HERPETOFAUNA DO PARQUE ECOLÓGICO DE CHIPINQUE, NUEVO LEÓN, MÉXICO:
ISOLAMENTO DE BACTÉRIAS CLOACAIS E AVALIAÇÃO DA CONDIÇÃO FÍSICA

BY
DAVID RAMIRO AGUILLÓN GUTIÉRREZ

2024

ÍNDICE DE CONTEÚDOS

ACTUALIZAÇÃO TAXONÓMICA DA HERPETOFAUNA

NOME CIENTÍFICO NESTA OBRA	NOME CIENTÍFICO ACTUAL
Bufo nebulifer	*Incilius nebulifer*
Eleutherodactylus augusti	*Craugastor augusti*
Eumeces brevirostris pineus	*Plestiodon brevirostris pineus*
Gerrhonotus liocephalus infernalis	*Gerrhonotus infernalis*
Hyla miotympanum	*Ecnomiohyla miotympanum*
Leptodactylus labialis	*Leptodactylus fragilis*
Leptotyphlops dulcis myopicus	*Rena dulcis*
Sibon sartorii sartorii	*Tropidodipsas sartorii*

1- RESUMO

No presente trabalho, foi avaliada a condição física e colhidas amostras cloacais para isolamento e identificação bacteriológica da herpetofauna do Parque Ecológico de Chipinque. Foram amostrados 54 exemplares de 14 espécies diferentes e a sua avaliação física consistiu na verificação externa, pesagem, sexagem e medição, bem como na consideração e medição da temperatura do microhabitat. Apenas doze exemplares apresentavam danos corporais. O isolamento e identificação bacteriológica foram efectuados por sementeira em Meio Bacteriológico de Stuart, Caldos Lactosado, Selenito e Tetrationato, Chapman, Sangue, MacContact e MacContact Agares: Chapman, Sangue, MacConkey, Verde Brilhante, Xilose Lisina Desoxicolato, Coração de Cérebro, Ferro Triplo Açúcar, Ferro Lisina, Citrato de Simmons, Ureia, Motilidade de Indole Ornitina e Motilidade de Indole Sulfídrico, também através da realização de testes de Gram Stain, Catalase, Coagulase e Oxidase e também através da utilização do sistema automatizado de identificação microbiológica Vitek. Foram isoladas e identificadas 33 espécies diferentes de bactérias, num total de 450 estirpes: 293 Gram-negativas e 157 Gram-positivas. 29 estirpes foram identificadas pelo sistema Vitek. A partir da avaliação do estado físico e da análise das bactérias do esgoto da herpetofauna do Parque Ecológico Chipinque, estabeleceu-se a saúde do habitat, que consideramos adequado e que não sofreu grande impacto ambiental devido à presença humana.

Palavras-chave: Bactérias, condição física, herpetofauna, Chipinque, México.

2- INTRODUÇÃO

Atualmente, o conhecimento médico da vida selvagem é de grande importância devido ao interesse mundial na conservação das espécies.

Por outro lado, é cada vez mais comum as pessoas optarem por animais de estimação exóticos, que mantêm em suas casas. No entanto, estes animais, tal como os animais domésticos, podem ser portadores de doenças que são transmitidas ao ser humano (zoonoses). Infelizmente, no México ainda há pouco conhecimento sobre a prevenção e o controlo destas doenças, uma vez que não foram realizados estudos científicos suficientes sobre o assunto.

Em alguns países, como os Estados Unidos e o Canadá, há relatos de salmonelose em humanos adquirida por contacto com répteis e anfíbios, o que começa a tornar-se importante para a medicina veterinária do ponto de vista da saúde pública (DeHamel *et al*, 1971; Altman *et al.*, 1972; Kaufmann *et al.*, 1972; Lamm *et al.*, 1972; D'Aoust e Lior 1978; Cambre *et al.*, 1980; Cohen *et al.*, 1980; Chiodini e Saundberg, 1981; Onderka e Finlayson, 1985; Sanyal *et al.*, 1997; Woodward et al., 1997).

A salmonelose, embora não seja particularmente perigosa para a herpetofauna, os proprietários de répteis ou anfíbios e os veterinários deveriam estar conscientes do seu potencial zoonótico. A infeção por esta ou outras bactérias é adquirida através de uma manipulação incorrecta destes animais, por exemplo, não lavando as mãos após o contacto com um anfíbio ou réptil, comendo em locais onde estes animais são mantidos, não desinfectando as jaulas onde são mantidos ou transportados, ou não usando luvas quando os manipulam (Williams, 1999).

As infecções adquiridas a partir de répteis podem afetar qualquer pessoa, no entanto, as crianças, os idosos e as pessoas imunodeprimidas correm um maior risco de serem infectadas, e essa infeção pode ser grave e mesmo mortal (Johnson-Delaney, 1996).

Mas não só é importante efetuar estes estudos para prevenir doenças nos seres humanos, como também para identificar quais os microrganismos potencialmente nocivos para os répteis e anfíbios, o que ajudaria à conservação destas espécies, sendo por isso necessário identificar as bactérias que nelas habitam, quer como flora normal quer como flora nociva.

No entanto, há muitos factores que determinam a saúde de uma população, pelo que é também importante verificar o estado físico destes animais, a fim de obter uma avaliação mais completa do seu estado de saúde.

Outro aspeto importante a considerar é a deslocação de animais a nível mundial, tanto legal como ilegalmente. Além disso, um fator importante que muitas vezes não é considerado é que, quando um animal é deslocado, todos os seus microrganismos, por exemplo, bactérias e vírus e macrorganismos como os parasitas, também são deslocados (Deem, *et al*, 2001).

Por conseguinte, é necessário salientar o rastreio médico das espécies, aplicar as medidas sanitárias necessárias, como a quarentena para os animais que serão reintroduzidos num habitat, ou supervisionar a ausência de contacto entre a fauna importada e a fauna autóctone.

No Parque Ecológico de Chipinque este facto é importante, uma vez que se procedeu à libertação de fauna anteriormente capturada e mantida em cativeiro.

Esta investigação contribui para o conhecimento da saúde do ambiente através do estudo bacteriológico e do estado físico da herpetofauna do Parque Ecológico do Chipinque.

3- ANTECEDENTES

3.1- Bacteriologia da herpetofauna

A informação de base sobre a bacteriologia da herpetofauna não é muito abundante, no entanto, a investigação neste domínio aumentou recentemente.

Em 1968, já se sabia que a salmonelose podia ser adquirida por contacto com um réptil ou anfíbio, o que levou o estado de Washington, nos Estados Unidos, a regulamentar a venda destes animais de estimação, obrigando os comerciantes a vender estes animais, principalmente tartarugas, com um certificado que atestava que o animal estava livre de *Salmonella*. No entanto, mesmo que esta bactéria esteja presente no organismo, por vezes não é detetável, pelo que esta prática foi eliminada e a venda de animais de estimação diminuiu drasticamente (Altman *et al.*, 1972; Chiodini e Saundberg1981).

Dados recolhidos entre 1968 e 1969 em Washington, EUA, mostram que 31,6% das crianças com menos de 10 anos de idade que estão em contacto com um réptil ficam infectadas com *Salmonella* (Kaufmann *et al.*, 1972; Cohen *et al.*, 1980).

Lamm, *et al.*, (1972) relatam o primeiro caso desta doença adquirida a partir de um réptil, ocorrido em 1963 num lactente de 7 meses de idade infetado pelo contacto com uma tartaruga. No entanto, a importância da salmonelose como zoonose decorrente do contacto com a herpetofauna é reconhecida desde 1946, quando a *Salmonella* foi isolada de tartarugas, um caso também relatado por Lamm *et al.* O mesmo autor estima que, nos EUA, 280 000 casos (14%) dos cerca de 2 milhões de casos por ano de salmonelose nos seres humanos estão associados a um réptil, principalmente tartarugas.

McCoy e Seidler (1973) sublinham a importância de *Aeromonas hydrophila* em peixes, anfíbios e répteis, uma vez que é um habitante comum de lagos ou locais aquáticos onde estes animais vivem.

Merchant e Packer (1975) isolaram até dez tipos de *Salmonella* em oito casos de répteis que trataram.

D'Aoust e Lior (1978) referem que 22% dos casos humanos de salmonelose requerem hospitalização devido a danos graves para a saúde, causando, entre outros sintomas, dor abdominal, diarreia, náuseas, vómitos, febre e cãibras (D'Aoust e Lior 1978). Complicações clínicas graves, como meningite e abcessos cerebrais, ocorrem por vezes em crianças (Kaufmann *et al.*, 1972).

O número estimado de répteis portadores de *Salmonella* varia entre 83,6 e 93,7% e varia consoante o tipo de amostragem. As tartarugas são portadoras *de Salmonella* entre 12,1 e 85%, as cobras entre 16 e 92% e os lagartos entre 36 e 77% (DeHamel *et al.*, 1971; Cambre *et al*, 1980; Chiodini e Saundberg 1981).

Draper *et al.* (1981) publicaram um artigo sobre os padrões de infecções bacterianas orais em serpentes em cativeiro, embora, evidentemente, o estudo se baseie em bactérias da cavidade oral, é incluída uma tabela na qual é expressa a frequência de isolamento de bactérias da cloaca de serpentes saudáveis. Refere-se que os isolados da cloaca são dominados por microrganismos Gram-negativos, sugerindo que estas bactérias não são patogénicas, mas sim invasores oportunistas. As bactérias isoladas da cloaca das serpentes foram *Bacillus spp, Corynebacterium spp, Staphylococcus spp, Streptococcus spp, Alcaligenes spp, Arizona hinshawii,* (atualmente *Salmonella cholerasuis* subespécie *arizonae*), *Citrobacter freundii, Eschericha coli, Klebsiella spp, Morganella morganii, Proteus vulgaris, Providencia rettgeri, Pseudomonas aeruginosa,*

Pseudomonas maltophilia (atualmente *Stenotrophomonas maltophilia*), *Pseudomonas spp* e *Salmonella spp.*

Goldstein *et al.* (1981) isolaram os seguintes tipos de bactérias da cavidade oral de serpentes: *Staphylococcus* coagulase-negativo, *Acinetobacter calcoaceticus*, *Hafnia alvei*, *Salmonella spp*, *Shigella spp*, *Klebsiella oxytoca* e *Pseudomonas aeruginosa*.

Cooper (1985) dá maior ênfase ao isolamento de Enterobacteriaceae de répteis mantidos como animais de estimação.

Num estudo realizado no Canadá entre 1979 e 1983, no qual foram recolhidas amostras de 150 répteis submetidos a necropsia, 51% das serpentes, 48% dos lagartos e 7% das tartarugas foram considerados positivos para *Salmonella*. No caso das serpentes, a *Salmonella cholerasuis* subespécie *arizonae* foi o serótipo mais frequentemente encontrado, em até 78,8% dos casos (Onderka e Finlayson 1985).

Gugnani *et al.* (1986) obtiveram as seguintes bactérias do intestino de osgas: *Shigella sonnei, Edwardsiella tarda, Enterobacter spp, Citrobacter freundii, Serratia marcescens, Proteus spp, Klebsiella pneumoniae, Escherichia coli* e *Salmonella spp.*

Sheridan *et al.* (1987) estudaram as bactérias aeróbicas na pele da cascavel *Crotalus atrox*, tanto na natureza como em cativeiro. Algumas das bactérias que ele relata, embora isoladas da pele do dorso e da barriga da serpente, coincidem com as encontradas na cloaca. Sheridan *et al.* (1987) conseguiram isolar *Achromobacter spp, Acinetobacter anitratus, Bacillus spp, Citrobacter amalonaticus, C. freundii, Klebsiella oxytoca, Micrococcus luteus, M. roseus* (atualmente *Kocuria rosea*), *Pseudomonas alcaligenes, P. fluorescens, P. maltophilia* (atualmente *Stenotrophomonas maltophilia*), *P. stutzeri, Serratia liquefaciens* (atualmente *S. proteamaculans* subespécie *proteamaculans*). *Staphylococcus epidermidis, S. hominis, S. saprophyticus* e *Streptococcus viridans.*

Algumas estirpes de *Salmonella*, como *S. anatum, S. chamaleon, S. muenchen* e outras, foram identificadas como causadoras de doenças em répteis, resultando em septicemia, pneumonia, abcessos, granulomas, choque hipovolémico e morte (Frye, 1991).

Carter e Chengappa (1994) referem que o género *Serratia* da família *Enterobacteriaceae* é patogénico para osgas, salamandras e tartarugas. Também refere que a subespécie *arizonae* de *Salmonella choleraesuis* é frequentemente recuperada de cobras e lagartos e que as infecções são transmitidas hereditariamente por ovos, mas também refere que os serovares de *Salmonella saint paul, heidelberg* e *san diego* também são encontrados em répteis. Carter e Chengappa (1994) mostram que os répteis são reservatórios e fontes de infeção por *Salmonella* e podem transmiti-la aos seres humanos. Outra bactéria que este autor inclui como presente em répteis, anfíbios e peixes é a *Aeromonas hydrophila*, que considera patogénica para estes animais.

Holt *et al.* (1994), na sua descrição do género *Edwardsiella*, menciona que este habita normalmente o intestino de animais de sangue frio (por exemplo, répteis e anfíbios) e os seus habitats, particularmente em locais húmidos. Refere também que o género *Aeromonas* é patogénico para anfíbios, peixes e seres humanos.

Boyer (1995) conclui que muitos agentes patogénicos potenciais, como a *Pseudomonas aeruginosa* (espécie de *Pseudomonas* mais frequentemente isolada de répteis), *Escherichia coli, Salmonella* e *Arizona* (*Salmonella cholerasuis* subespécie *arizonae*), se encontram em répteis saudáveis, dos quais as serpentes e os lagartos são os portadores mais comuns (até metade das serpentes amostradas e um terço dos lagartos), e em anfíbios apenas nas populações que habitam locais onde os seres humanos estão presentes.

Também menciona que *Proteus mirabilis* e *P. vulgaris* são frequentemente encontrados em lagartos e cobras, bem como *Klebsiella oxytoca*, *K. pneumoniae*, *Serratia marcescens* e *S. liquefaciens* (atualmente *S. proteamaculans* subespécie *proteamaculans*). Outra bactéria frequentemente isolada de culturas cloacais e abcessos é a *Enterobacter cloacale*. A *Aeromonas hydropila* é também um agente patogénico comum.

Gillespie (1996) refere que o trato intestinal de répteis saudáveis é frequentemente invadido *por Pseudomonas, Aeromonas* e *Salmonella* spp.

Lazcano-Villarreal e Garza-Fernandez (1996) obtiveram os seguintes microrganismos a partir de amostras cloacais de *Eublepharis macularis* (osga-leopardo): *Salmonella enteritidis, Citrobacter freundii, Providencia stuartii, Morganella morganii, Pseudomonas fluorescens, P. maltphilia* e *Bacillus spp.*

Rosenthal e Maeder (1996) referem que as bactérias Gram-negativas, incluindo a *Salmonella* como um importante organismo zoonótico, são os microrganismos mais frequentemente isolados de casos clínicos em répteis.

Wright (1996) refere que as bactérias mais importantes isoladas de anfíbios em cativeiro são *Aeromonas, Pseudomonas, Proteus* e *Escherichia coli*.

Sanyal *et al.* (1997) relatam o caso de duas crianças infectadas com *Salmonella*, uma por contacto com uma iguana e a outra por ter quatro cobras como animais de estimação.

Woodward *et al.* (1997), durante um estudo efectuado no Canadá sobre a salmonelose humana associada a animais de estimação exóticos no período de 1991 a 1996, verificaram que, do número total de casos, 118 foram transmitidos por tartarugas, 65 por iguanas, 11 por lagartos, 6 por cobras, 1 por camaleões e 1 por rãs.

Arredondo (1998) concluiu que as bactérias mais frequentemente encontradas em amostras cloacais de répteis e anfíbios no estado de Nuevo León são: *Bacillus spp, Escherichia coli, Enterobacter spp, Enterobacter agglomerans* (atualmente *Pantoea agglomerans*), *E. cloacae, E. gergoviae, Pseudomonas fluorescens, P. cepacia* (atualmente *Burkholdeira cepacia*), *Citrobacter diversus* (atualmente *Citrobacter koseri*), *C. freundii, Staphylococcus spp, Staphylococcus aureus, Providencia spp, Aeromonas caviae, Serratia marcescens, Salmonella spp* e *Proteus vulgaris*.

Lawton (1999) refere que muitas das bactérias patogénicas isoladas de infecções em répteis são microrganismos Gram-negativos. Refere também que o grupo mais importante de agentes patogénicos que causam morbilidade e mortalidade em répteis são os bacilos Gram-negativos, especialmente *Pseudomonas* e *Aeromonas spp*.

Williams (1999) refere que os anfíbios sofrem frequentemente de infecções bacterianas devido à associação íntima entre o seu ambiente aquático e a sua pele fina e propensa a traumatismos. As infecções podem ser limitadas à pele ou pode ocorrer bacteriemia, especialmente em animais imunodeprimidos.

Williams (1999) afirma que a infeção mais comum é causada por *Aeromonas hydrophila*, embora este microrganismo também habite em anfíbios saudáveis e seja um comensal intestinal comum. Outras bactérias normalmente encontradas são *Citrobacter, Proteus* e *Flavobacterium spp.* Por outro lado, este autor também menciona que diferentes serotipos de *Salmonella* foram isolados em anfíbios de vida livre sem sintomas clínicos, possivelmente devido à contaminação por esgotos.

Okada e Gordon (2003) isolaram *Hafnia alvei* de 54 répteis e 8 rãs na Austrália a partir de amostras fecais e intestinais de animais abatidos.

No caso particular dos anfíbios, como a sua pele é altamente permeável, o que facilita as trocas diretas entre o organismo e o ambiente, e como vivem em ambientes aquosos, é fácil para estes animais reflectirem a saúde de um habitat, uma vez que, se o ambiente que habitam estiver contaminado, a população de anfíbios diminuirá imediatamente, e os que conseguirem sobreviver terão problemas de reprodução e a descendência gerada tenderá a apresentar deformações anatómicas ou fisiológicas devido a mutações. Esta mesma caraterística de ter uma pele altamente permeável facilita que os microorganismos os afectem e as doenças bacterianas ou fúngicas também reduzem a sua população (Suazo-Ortuño e Alvarado-Díaz 2004).

3.2- Herpetofauna do Parque Ecológico do Chipínque

Banda (2002) efectuou um estudo sobre os aspectos ecológicos da herpetofauna do Parque Ecológico de Chipinque, determinando quais as espécies existentes neste Parque e em que percentagem. Ele relata que existem 6 espécies de Anuros (16%), 15 espécies de Lacertilia (33%) e 22 espécies de Serpentes (51%). Relativamente às famílias de anuros, refere *Leptodactylidae* (57%), *Hylidae* (29%) e *Bufonidae* (14%). Em termos de famílias de Lacertilia, refere *Phrynosomatidae (65%)*, *Scincidae* (14%), *Anguidae* (7%), *Teiidae* (7%) e *Xantusidae* (7%) e, no caso das serpentes, refere as famílias *Colubridae* (79%), *Viperidae* (13%), *Elapidae* (4%) e *Leptotyphlopidae* (4%). A frequência de observação obtida por Banda é de 19 anfíbios (5,93%) e 301 répteis (94,01%), e para os grupos herpetofaunais 19 de Anura (5,93%), 294 de Lacertilia (91,84%) e 7 de Ophidia (2,17%).

3.2.1- Anfíbios

Classe: Amphibia

Encomendar: Anura

Família: Bufonidae

Sapo temporal (*Bufo nebulifer*) (Figura 1).

Figura 1: Sapo Temporalero (*Bufo nebulifer*).

Descrição: Dorso castanho-escuro a castanho-azeitona, com uma linha vertebral castanho-amarelada e uma linha dorsolateral irregular atrás do olho. A crista craniana, em forma de V, estende-se até à parte anterior do rostro, com um ponto entre as narinas, até atrás do olho, voltando a ramificar-se em dois, um ramo até à linha vertebral e o outro até ao tímpano, voltando a ramificar-se, um ramo até à glândula parótida e o outro até à parte lateral do rostro, atrás do olho e à frente do tímpano, glândula parótida normal, corpo verrucoso, ventre amarelo-acastanhado, por vezes com reticulações escuras. Comprimento máximo cabeça-ânus 130 mm. Os machos têm almofadas sexuais e um saco vocal (Banda, 2002).

Família: Hylidae

Rã-verde (*Hyla miotympanum*) (Figura 2).

Figura 2: Rã-verde (*Hyla miotympanum*). Com a permissão do Dr. David Lazcano.

Descrição: Corpo verde brilhante, que pode variar para cinzento escuro no mesmo exemplar, ventre de cor creme uniforme, cabeça mais larga do que o corpo, membros posteriores 2,5 vezes mais compridos do que os membros anteriores, o primeiro terço dos dígitos tem uma membrana interdigital, ausente no primeiro e segundo dígitos, dígitos alargados na ponta (discos adesivos). Comprimento máximo cabeça-anal 51 mm. Os machos têm almofadas sexuais e saco vocal (Banda, 2002).

Família: Leptodactylidae

Sapo que ladra *(Eleutherodactylus augusti)*, Rã que chia *(Eleutherodactylus cysthignathoides campi* e *Eleutherodactylus longipes)*, Rã de lábios brancos *(Leptodactylus labialis)* (Banda, 2002).

3.2.2- Répteis

Classe: Reptilia

Ordem: Squamata

Sub-ordem: Lacertilia

Família: Anguidae

Peixe-escorpião (*Gerrhonotus liocephalus infernalis*) (Figura 3).

Figura 3: Escorpião (*Gerrhonotus liocephalus infernalis*).

Descrição: Dorso castanho-claro a castanho-escuro, com barras transversais que podem ou não ser visíveis, cabeça e cauda castanho-claras, ventre claro com barras transversais que desaparecem medialmente, prega lateral marcada por escamas granulosas, cauda mais comprida do que o corpo. Comprimento máximo cabeça-anal 203 mm. Os machos têm uma cabeça saliente na zona temporal (Banda, 2002).

Família: Phrynosomatidae

Lagartixa das árvores (*Sceloporus grammicus disparilis*), lagartixa das árvores (*Sceloporus olivaceus*) (figura 4), lagartixa de barriga azul *(Sceloporus parvus parvus)*, lagartixa rachada *(Sceloporus poinsettii poinsettii)*, Collared Spiny Lizard (*Sceloporus serrifer cyanogenys*) (Figure 5), Mountain Spiny Lizard *(Sceloporus torquatus binocularis)* (Figure 6), Pink-bellied Lizard *(Sceloporus variabilis marmoratus)*, Fence Lizard (*Sceloporus undulatus consobrinus*).

Figura 4: Lagartixa das árvores (*Sceloporus olivaceus*). Com autorização de Biol. Gamaliel Castañeda.

Descrição: Dorso castanho-acinzentado a castanho-azeitona, com manchas irregulares castanho-escuras, zona gular não barrada, sem colar nucal, ventre esbranquiçado. Comprimento máximo cabeça-peito 121 mm. Os machos têm manchas ventrolaterais azul-claras com linhas longitudinais dorsolaterais amarelas, poros femorais bem visíveis. As fêmeas têm o ventre esbranquiçado e poros femorais bem visíveis (Banda, 2002).

Figura 5: Lagartixa de colarinho espinhoso *(Sceloporus serrifer cyanogenys)*.

Descrição: Corpo cinzento, esverdeado ou azulado, gola nucal bem definida com duas linhas nítidas, com o bordo anterior interrompido, apresentando geralmente 4 pontos nítidos na base da nuca. Comprimento máximo cabeça-anal 148 mm. Os machos têm manchas ventrolaterais azuis, dorso azulado ou aquático, poros femorais bem visíveis. As fêmeas não têm manchas ventrolaterais, têm o dorso castanho e poros femorais pouco visíveis (Banda, 2002).

Figura 6: Lagarto espinhoso da montanha (*Sceloporus torquatus binocularis*).

Descrição: Dorso azul esverdeado ou azeitona, colar nucal dividido em três lóbulos por duas linhas claras que começam na região pós-ocular e terminam ao nível dos membros anteriores, ventre claro com região gular azul clara. Comprimento máximo cabeça-anal 105 mm. Os machos têm manchas ventrolaterais azuis claras bem definidas e poros femorais bem visíveis. As fêmeas não têm manchas ventrolaterais e têm poros femorais pouco visíveis (Banda, 2002).

Família: Scincidae

osgas-azuis *(Eumeces brevirostris pineus)* (figura 7) e osgas (*Scincella sylvicola cuadaequinae*) (figura 8).

Figura 7: Osga de cauda azul *(Eumeces brevirostris pineus)*. Com a autorização de M.C. David Lazcano.

Descrição: Corpo acastanhado, linha dorsolateral branca larga não bifurcada, que se estende desde a base da narina até à primeira porção da cauda, zona gular e subcaudal creme, cauda azul, ventre castanho escuro, corpo alongado e estreito, membros pequenos. Comprimento máximo cabeça-anal 65 mm (Banda, 2002).

Figura 8: Osga (*Scincella sylvicola caudaequinae*). Com a autorização de M.C. David Lazcano.

Descrição: Uma linha lateral castanha à volta da orelha, uma linha dorsal clara e ininterrupta, com membros fortes e sobrepostos nos adultos. Comprimento máximo cabeça-cana 59 mm (Banda, 2002).

Família: Teiidae

Lagartixa riscada (*Aspidoscelis gularis*) (Figura 9).

Figura 9: Lagartixa riscada (*Aspidocelis gularis*).

Descrição: Dois padrões de coloração, com linhas e com manchas: Corpo verde azeitona escuro, com sete linhas longitudinais, manchas brancas entre os espaços entre a margem do ventre e a segunda linha. Corpo azul claro esverdeado, com manchas azuis claras irregulares por todo o corpo, manchas laterais maiores, superfície ventral e patas posteriores brancas ou creme. Comprimento máximo cabeça-anal 90 mm (Banda, 2002).

Família: Xantusidae

Lagarto noturno (*Lepidophyma sylvaticum*).

Sub-ordem: *Ophidia*

Família: Leptotyphlopidae

Shingles cego (*Leptotyphlops dulcis myopicus*).

Família: Colubridae

Serpente-liga *de Oaxaca (Coluber constrictor oaxaca)*, Serpente-liga de colarinho *(Diadophis punctatus regalis)*, Serpente-preta *(Drymarchon corais erebennus)*, Serpente-liga pontilhada *(Drymobius margaritiferus margaritiferus)*, Rato-da-madeira *(Elaphe bairdi)*, Falsa Coralillo (*Lampropeltis mexicana*), Culebra Ojo de Gato (*Leptodeira septentrionalis septentrionalis*), Ranera Mexicana (*Leptophis mexicanus*), Chirrionera Parda (*Masticophis taeniatus girardi*) (figura 10), Serpente de folha de Nuevo León (*Rhadinaea montana*) (Figura 11), Cobra de nariz emplastado (*Salvadora grahamie lineata*) (Figura 12), Coralilla amarela *(Sibon sartorii sartorii)*, Cobra terrestre *(Sonora semiannulata semiannulata)* (Figura 13), Cagarra de pescoço branco (*Storeira hidalgoensis*), Cagarra de cabeça preta *(Tantilla atriceps)* e (*Tantilla rubra*) (Figura 14), Cobra da floresta *(Thamnophis cyrtopsis cyrtopsis)*, Falsa Nauyaca (*Trimorphodon tau tau*).

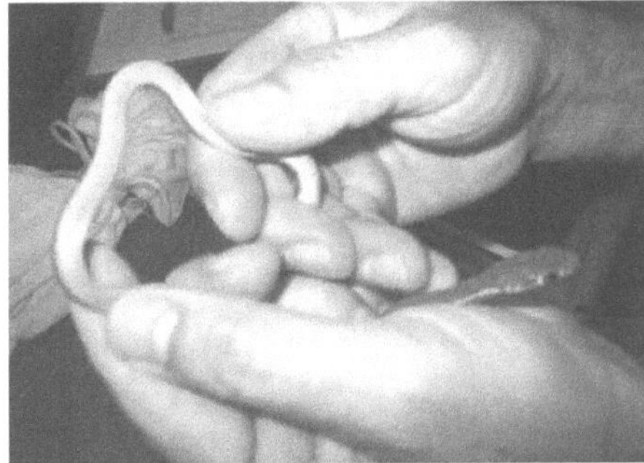

Figura 10: Toutinegra-de-barrete (*Masticophis taeniatus girardi*).

Descrição: Serpente não venenosa. Dorso castanho-oliváceo a cinzento-oliváceo, com uma linha lateral amarela. Ventre cinzento-rosado com pontos dispersos, zona gular branco-amarelada, região subcaudal cor-de-rosa. Comprimento total máximo 1680 mm (Banda, 2002).

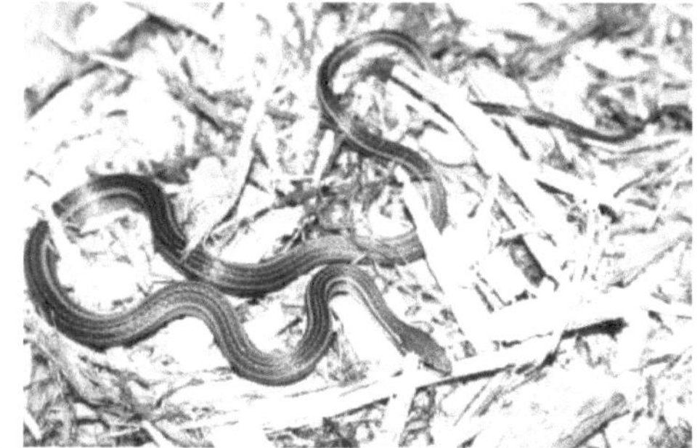

Figura 11: Folhas de Nuevo León (*Rhadinaea montana*).

Descrição: Serpente não venenosa. O dorso é acastanhado, com uma linha vertebral castanha escura e linhas dorsolaterais de cor creme que se estendem a todo o comprimento do corpo, com uma linha fina e clara a passar por cima do olho e outra a passar por baixo. Comprimento total máximo 470 mm (Banda, 2002).

Figura 12: Serpente de nariz emplastado (*Salvadora grahamie lineata*). Com a permissão de M.C. David Lazcano.

Descrição: Serpente não venenosa. Apresenta uma série de linhas longitudinais ao longo do corpo, a linha vertebral é de cor creme e tem uma largura de uma a duas escamas e meia, delimitada por linhas castanho-escuras com duas escamas de largura. O comprimento total máximo é de 1200 mm (Banda, 2002).

Figura 13: Água de cisalhamento do solo (*Sonora semiannulata semiannulata*).

Descrição: Serpente não venenosa. Esta espécie apresenta vários padrões de coloração, desde o castanho-azeitona até ao laranja vivo ou avermelhado, e desde a ausência de bandas no dorso até bandas bem definidas. Comprimento total máximo 457 mm (Banda, 2002).

Figura 14: Cagarra de cabeça preta (*Tantilla rubra*). Com a autorização de M.C. David Lazcano.

Descrição: Serpente não venenosa. A parte anterior da cabeça é preta e a parte posterior é branca, imediatamente seguida de um colarinho preto, olhos pequenos, parte dorsal castanho-clara ou vermelho-tijolo. Comprimento total máximo 380 mm (Banda, 2002).

Família: Elapidae

Corallus *fulvius (Micrurus fulvius tener)*,

Família: Viperidae

Cascavel-de-diamante *(Crotalus atrox)*, cascavel-das-rochas *(Crotalus lepidus lepidus)*, cascavel-de-cauda-preta *(Crotalus molossus molossus)* (Banda, 2002).

3.3- Avaliação do estado físico da herpetofauna

Varela (2002) explica em pormenor os procedimentos a seguir para conhecer o estado de saúde de um réptil. Os dados mais importantes a obter no caso dos animais de vida livre são, em primeiro lugar, o género e a espécie e, se possível, a subespécie, se se trata de um recém-nascido ou de um adulto, o sexo, o peso, o comprimento total do corpo, o comprimento da cauda e o comprimento da parte regenerada da cauda, se existir, é também importante observar qual o substrato que o animal amostrado estava a utilizar, se estava à sombra ou ao sol e a temperatura do microhabitat e, claro, verificar se o espécime capturado tinha feridas ou amputações corporais.

Lawton (1999) dá as seguintes recomendações para a contenção de répteis:

As serpentes nunca devem ser manuseadas de forma grosseira, pois isso pode causar hematomas ou autólise muscular e, no caso de serpentes grandes, devem ser manuseadas por várias pessoas.

Os lagartos não devem ser agarrados pela cauda, dado que algumas espécies têm um mecanismo de defesa chamado autotomia, em que a cauda se desprende devido a uma fratura nãoossificada na região central de uma vértebra caudal (Lawton, 1999).

A manipulação dos anfíbios deve ser cuidadosa, uma vez que a pele está coberta de muco, o que dificulta o manuseamento, pelo que se recomenda que as mãos sejam humedecidas antes de segurar o animal, mas nunca lavadas com sabão ou detergentes. As luvas de látex também são úteis para os segurar (Williams, 1999).

Existem vários métodos de determinação do sexo:

O dimorfismo sexual é uma caraterística de algumas espécies, baseada na cor e/ou no tamanho ou em certas caraterísticas morfológicas.

Geralmente, nos lagartos, podem distinguir-se saliências correspondentes aos hemipénis na base da cauda. Aplicando uma ligeira pressão distal à cloaca, em direção craniana, é possível exteriorizar os hemipénis e determinar o sexo de uma serpente ou lagarto.

Os machos tendem a ter uma cauda mais comprida do que as fêmeas, pelo que, comparando dois ou mais indivíduos, é possível distinguir entre um macho e uma fêmea.

Outra forma de determinar o sexo é contar as escamas subcaudais emparelhadas (que se encontram entre a cloaca e a ponta da cauda) em machos e fêmeas de espécies diferentes. Estas escamas podem ser contadas em peles com muda, bem como na serpente viva.

Outra técnica é a exploração que requer a passagem de uma sonda para o hemipénis exteriorizado ou para as bolsas paracloacais. Este procedimento pode ser efectuado em serpentes e lagartos. Nos machos, a sonda atinge até oito escamas subcaudais, enquanto nas fêmeas raramente vai além de quatro (Lawton, 1999).

Nos anfíbios, a determinação do sexo só é possível em algumas espécies, por exemplo, nos tritões pela coloração da crista ou nos sapos pelo tamanho das calosidades nos membros anteriores, no entanto, algumas caraterísticas do dimorfismo sexual só estão presentes durante a época de reprodução (Williams 1999).

3.4- Descrição da zona de estudo

O Parque Ecológico de Chipinque está localizado nos municípios de Garza Garcia e Monterrey, no estado de Nuevo Leon, México, é uma zona montanhosa e faz parte da Sierra Madre Oriental.

O parque faz parte do Parque Nacional de Cumbres, tem uma superfície de 1625 hectares e a sua altitude máxima é de 2000 metros acima do nível do mar.

O Parque Ecológico de Chipinque é atualmente utilizado pelo público para actividades desportivas e observação da fauna e da flora.

No parque, há trilhos para os visitantes caminharem, bem como 7 km de estrada pavimentada.

A temperatura média anual do Parque é de 18 a 22°C. A precipitação pode variar entre 5 mm no inverno e 500 mm no verão.

O Parque Ecológico de Chipinque pode ser dividido de acordo com a sua flora em matagal submontano, floresta de carvalhos e floresta de pinheiros (Banda, 2002).

As amostras para bacteriologia foram processadas no Departamento de Microbiologia do Laboratório Central e as que foram identificadas pelo sistema Vitek no Laboratório de Diagnóstico e Investigação Veterinária da Faculdade de Medicina Veterinária e Zootecnia da Universidade Autónoma de Nuevo Leon.

4- OBJECTIVOS

4.1- Objectivos gerais

Estabelecer uma relação entre a flora bacteriana presente na herpetofauna e a saúde do ambiente do Parque Ecológico de Chipinque.

4.2- Objectivos específicos

1.- Isolar e identificar as espécies de bactérias encontradas no esgoto da herpetofauna do Parque Ecológico do Chipinque.

2.- Avaliar o estado físico da herpetofauna deste parque.

5- JUSTIFICAÇÃO

Há falta de informação sobre a utilização da herpetofauna e do seu microbiota como instrumento de diagnóstico da saúde e da qualidade do habitat. Assim, os répteis e anfíbios podem ser utilizados como bioindicadores.

Tem também como objetivo contribuir para o estudo biológico e ecológico da herpetofauna do Parque Ecológico de Chipinque como ferramenta para a sua conservação.

Esta investigação é também importante do ponto de vista da saúde pública, uma vez que há doenças que os répteis e os anfíbios podem transmitir aos seres humanos quando estes entram em contacto com eles.

6- HIPÓTESE

Existe um baixo índice de bactérias patogénicas, zoonóticas ou clinicamente importantes na herpetofauna do Parque Ecológico de Chipinque, uma vez que este local é uma área natural protegida.

7- MATERIAL E MÉTODOS

7.1- Material de captura

Três cabrestos, três pinças para apanhar, três ganchos para levantar pedras, luvas de couro.

7.2- Material de avaliação da aptidão física

Pesos de 5, 10, 30, 60, 100 gr e 3 kg da marca Pesola, fita métrica, pistola para medir a temperatura ambiente.

7.3- Material para procedimentos bacteriológicos

7.3.1- Ferramentas

108 esfregaços, ansa bacteriológica, micropipetas de 200 e 1000 microlitros, 1 caixa de luvas de látex estéreis, 10 seringas estéreis de 60 ml, solução salina estéril e solução padrão nefelométrica de McFarland.

7.3.2- Material de vidro

54 tubos com tampa de rosca 18 x 150 mm, 162 tubos de ensaio 18 x 150 mm, 2350 tubos de ensaio 13 x 100 mm, 100 tubos estéreis com tampa de rosca 12 x 75 mm, pipetas de vidro de 2 e 10 ml, 450 placas de Petri descartáveis não divididas 100 x 15 mm, 100 lâminas 25 x 75 mm, frascos, copos e tubos de ensaio de diferentes capacidades.

7.3.3- Meios de cultura

Meio de transporte bacteriológico de Stuart, caldo de lactose, caldo de selenito, caldo de tetrationato, ágar MacConkey, ágar verde brilhante, ágar xilose lisina desoxicolato (XLD), ágar estafilococos número 110, ágar sangue, Ágar Infusão Cérebro-Coração, Ágar Ferro Triplo Açúcar (TSI), Ágar Ferro Lisina (LIA), Meio Citrato Simmons, Ágar Ureia, Ágar Manitol Indole Motilidade Ornitina (MIO), Meio Indole Motilidade e Sulfureto de Hidrogénio (SIM) (Figura 15).

7.3.4- Reagentes

Reagente de Kovac e peróxido de hidrogénio.

7.3.5- Kits

1 kit de coloração de Gram, 1 kit de teste de coagulase de plasma sanguíneo, 1 kit de teste de oxidase, 1 kit de identificação de Gram negativo Vitek.

7.3.6- Equipamento

Potenciómetro e aparelho de identificação de bactérias Vitek.

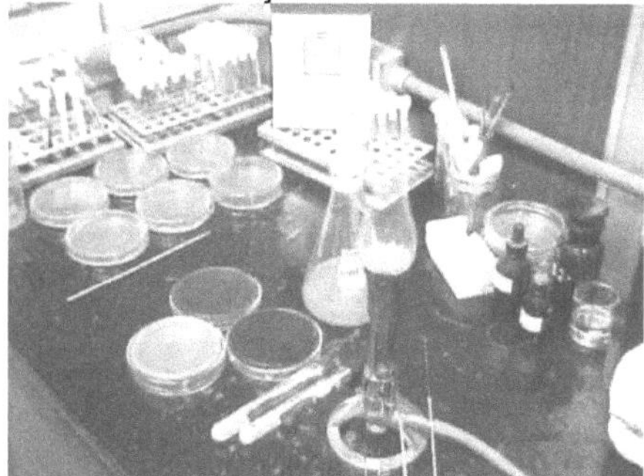

Figura 15: Material básico para procedimentos bacteriológicos.

7.4- Captura

Foram realizadas três visitas ao Parque Ecológico de Chipinque em setembro de 2003. O estudo foi realizado nos diferentes transectos do parque, percorrendo uma distância semelhante em cada um deles. Para além do comprimento do transecto, foi utilizada uma faixa de quatro a seis metros de cada lado. Nestes transectos, os exemplares observados foram capturados manualmente e com a ajuda de luvas de couro, forcas, pinças e ganchos, utilizando qualquer substrato (pedras, troncos, folhas secas, etc.). Para além disso, foi atribuído um código de observação aos exemplares e estes foram identificados pelas suas caraterísticas físicas particulares.

7.5- Avaliação da aptidão física

Os espécimes foram medidos com uma fita métrica no comprimento total do corpo, no comprimento do focinho à base da cauda, no comprimento da cauda e no comprimento da parte regenerada da cauda, caso existisse, foram também pesados com pesos de diferentes capacidades, sexados manualmente (quando possível), verificados quanto a possíveis feridas ou cicatrizes, foi também medida a temperatura do local onde se encontravam, se estavam numa zona solarenga ou à sombra. A mucosa cloacal também foi verificada quanto ao seu aspeto correto, proporcionando assim uma avaliação física do animal.

7.6- Procedimentos bacteriológicos

7.6.1- Amostragem bacteriológica

Foram colhidas duas amostras cloacais de cada espécime capturado com zaragatoas estéreis, a fim de obter as bactérias aí presentes. As amostras foram devidamente etiquetadas com uma chave numérica correspondente a cada espécime.

7.6.2- Conservação e transporte das amostras

Os esfregaços foram colocados num tubo de tampa de rosca com o meio de Stuart, que foi colocado num refrigerador para manter as condições de refrigeração. Estes tubos foram então transportados para o Laboratório Central da Faculdade de Medicina Veterinária e Zootecnia da Universidade Autónoma de Nuevo Leon no mesmo dia da amostragem.

7.6.3- Procedimentos para a identificação de bactérias Gram-negativas

Um dos esfregaços foi colocado num tubo de ensaio com caldo de lactosato, depois num tubo de ensaio com caldo de selenito e, finalmente, num tubo com caldo de tetrationato, que foram incubados a 36°C durante 24 horas.
Do Caldo Lactosado foi semeado com uma ansa bacteriológica numa placa de Petri com Ágar MacConkey, do Caldo Selenito para Ágar Verde Brilhante e do Caldo Tetrationato para Ágar Xilose Lisina Desoxicolato. As placas de Petri foram também incubadas a 36°C durante 24 horas. Uma vez verificado o crescimento bacteriano, as colónias foram observadas e diferenciadas pela cor, forma e tamanho. A partir de cada tipo de colónias identificadas, a inoculação foi feita em caldo de infusão de cérebro e coração, onde a incubação também foi feita a 36°C durante 24 horas.

Posteriormente, procedeu-se à identificação morfológica através da coloração de Gram, depois, para reativar as colónias, estas foram semeadas em Ágar Infusão Cérebro-Coração, semeando quatro colónias por caixa, incubando a 36°C durante 24 horas e, por fim, foram realizados testes bioquímicos em Ágar Ferro Triplo Açúcar, Ágar Ferro Lisina, Ágar Citrato de Simmons, Ágar Ureia, Ágar Motilidade Indole Ornitina e Ágar Motilidade Indole Sulfídrico (Figura 17).

7.6.4- Procedimentos para a identificação de bactérias Gram-positivas

A outra zaragatoa foi utilizada para a sementeira de estrias de 3 campos numa placa de Petri com ágar Staph 110 e outra com ágar sangue, que foram incubadas a 36°C durante 24 horas (Figura 16).

Figura 16: Extração do esfregaço de um caldo.

Depois, tal como na identificação de bactérias Gram-negativas, as colónias foram diferenciadas com base na cor, forma e tamanho. Uma vez diferenciadas, as colónias foram semeadas em caldo Brain Heart Infusion e incubadas a 36°C durante 24 horas, seguidas de observações morfológicas por coloração de Gram. De seguida, para reativar as colónias, estas foram semeadas em Ágar Infusão Cérebro-Coração, semeando quatro colónias por caixa, incubando a 36°C durante 24 horas, sendo que a sementeira em Ágar Chapman foi para o crescimento de *Staphylococcus*, e no caso da sementeira em Ágar Sangue foi para o crescimento de possíveis *Streptococcus*. Posteriormente, realizou-se o teste da catalase tanto nas colónias cultivadas em Ágar Chapman como nas cultivadas em Ágar Sangue e, finalmente, os *estafilococos* foram testados quanto à coagulase (Figura 17).

As caraterísticas de cada caldo, ágar e reagente bacteriológico são enumeradas no Apêndice 1.

Figura 17: Diagrama de flujo y analisis bacteriológico

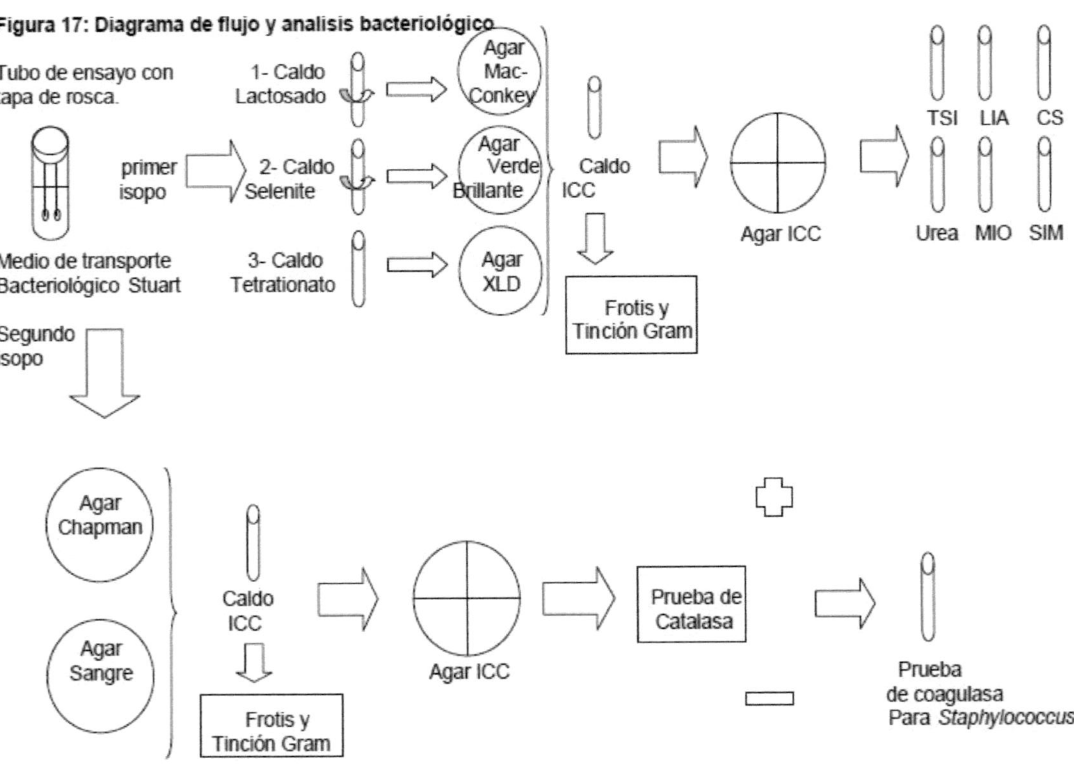

7.6.5- Utilização do sistema de identificação bacteriológica Vitek

Só procedemos à identificação de bactérias Gram-negativas, porque este tipo de microrganismo é mais importante na herpetofauna.

A identificação bacteriológica por meio do sistema automatizado Vitek requer a sementeira das bactérias em ágar MacConkey 24 horas ou menos antes da utilização do aparelho, para que as bactérias estejam na sua fase de crescimento. É necessário garantir que a cultura é pura e não contaminada. É necessária uma coloração de Gram para garantir que a morfologia bacteriana corresponde a Gram-negativos (bacilos vermelhos). Uma vez efectuada a coloração, deve ser feito um teste de oxidase, dependendo do resultado obtido, o cartão de identificação de Gram-negativo (GNI) é marcado com um marcador preto numa depressão circular, bem como depressões para identificar o cartão com um número ou código específico (Figura 18 e 19).

Figura 18: Identificador microbiológico automático Vitek.

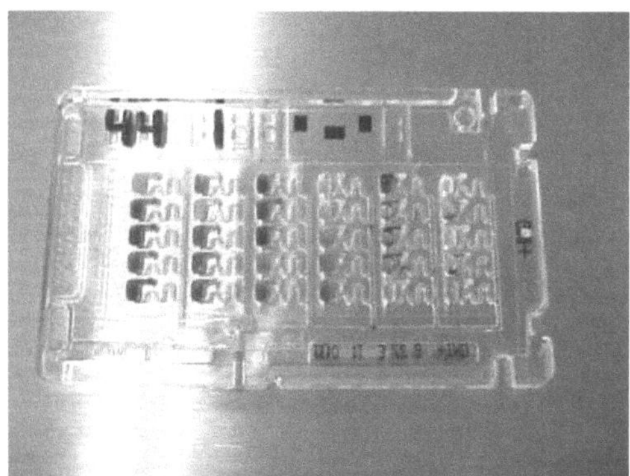

Figura 19: Cartão para identificar bactérias Gram-negativas.

Uma vez efectuada a coloração e o teste, as bactérias devem ser suspensas num tubo transparente estéril de 12 x 75 mm com 1,8 ml de solução salina estéril, depois a turvação da solução salina inoculada com as bactérias deve ser calibrada introduzindo o tubo no colorímetro Vitek, previamente agitado em vórtex, que indica por gamas de cores a turvação adequada para cada tipo de bactéria. (Figura 20).

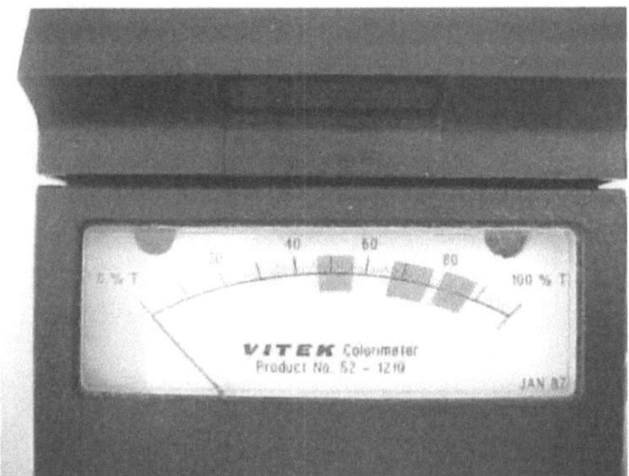

Figura 20: Colorímetro Vitek.

Em seguida, o cartão e o tubo são colocados num suporte de cartão ligado por uma palhinha através da qual o líquido fluirá até ao cartão para o encher (Figura 21), o que ocorre dentro de uma câmara de vácuo do Vitek (Figura 22).

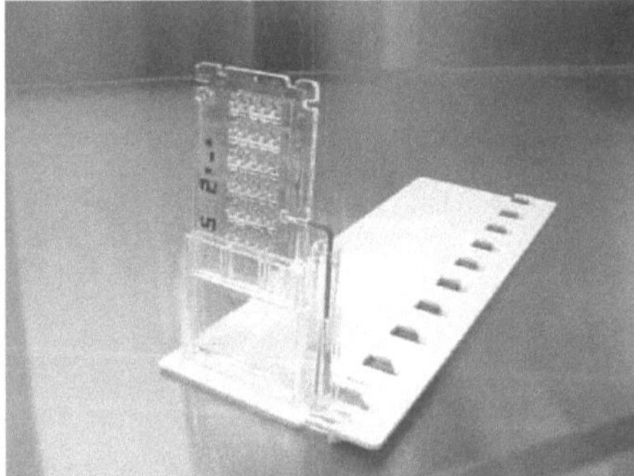

Figura 21: Cartão, tubo e Popotillo no porta-cartões.

Figura 22: Câmara de vácuo.

Uma vez inoculado o cartão, o popotillo é selado de forma a que o líquido não possa sair e, ao mesmo tempo, não possa ser contaminado (Figura 23), o cartão é então colocado no leitor e o dispositivo procede à sua leitura, que demora entre 4 e 18 horas, consoante a bactéria (Figura 24).

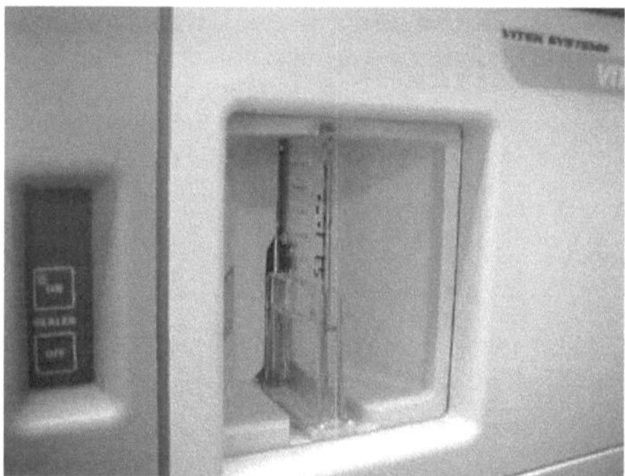
Figura 23: Vedante.

Figura 24: Leitor.

O resultado é expresso em percentagem de probabilidade, por exemplo, 99% *Pseudomonas aeruginosa*, 1% *Pseudomonas fluorescens/putida*, indicando que a bactéria tem 99% de probabilidade de ser *P. aeruginosa*.
Os cartões são compostos por 30 poços, 29 poços contêm testes bioquímicos e um poço contém um caldo de controlo do crescimento.
O software do sistema Vitek determina se a reação em cada poço é positiva ou negativa, medindo a atenuação da luz utilizando o sistema ótico.
A figura 25 mostra o fluxograma do sistema de identificação bacteriológica Vitek.
O apêndice 2 descreve os testes bioquímicos utilizados pelo sistema Vitek e o apêndice 3 contém os resultados bacteriológicos pormenorizados.

Figura 25: Diagrama de flujo para Vitek: Bacterias Gram negativas:

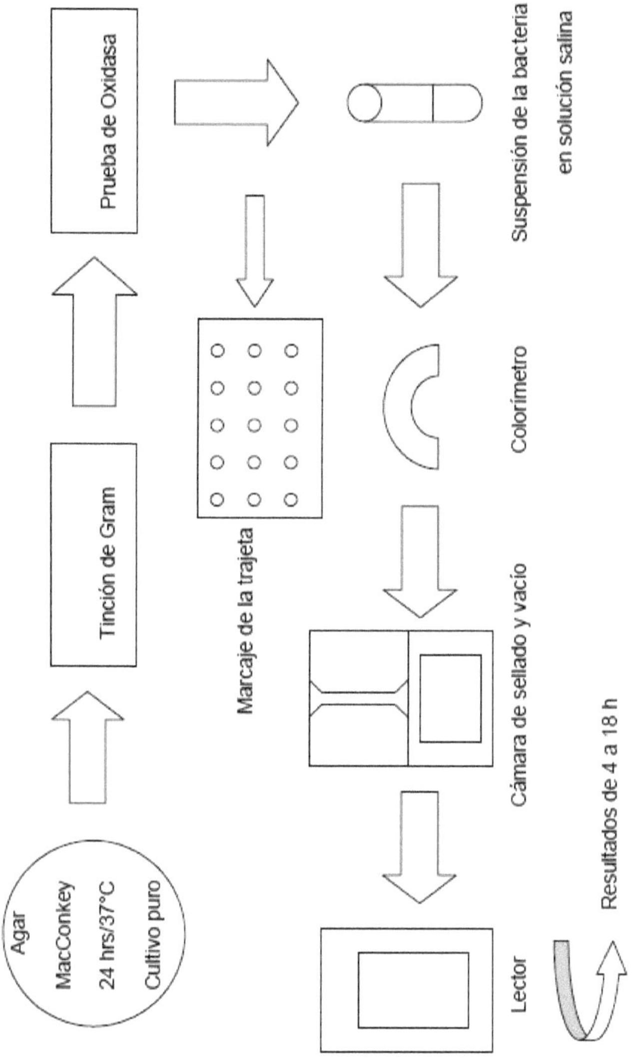

8- RESULTADOS

8.1- Captura

No total, foram capturados 54 répteis e anfíbios (Quadro 1).
17 *Sceloporus serrifer cyanogenys*, nove fêmeas, sete machos e uma cria.
14 *Sceloporus olivaceus*, seis fêmeas, sete machos e uma cria.
7 *Gerrhonotus liocephalus infernalis*, quatro fêmeas e três machos.
3 *Sceloporus torquatus binocularis*, três fêmeas.
3 *Bufo nebulifer*, sexo não definido.
2 *Eumeces brevirostris pineus*, sexo não definido.
1 *Aspidoscelis gularis*, macho.
1 *Scincella silvicola caudaequinae*, sexo não definido.
1 *Hyla miotympanum*, sexo não definido.
1 *Tantilla rubra*, sexo não definido.
1 *Salvadora grahamie lineata*, fêmea.
1 *Sonora semiannulata semiannulata*, sexo não definido.
1 *Masticophis taeniatus girardi*, sexo não definido.
1 *Rhadinea montana*, macho.

8.2- Avaliação da aptidão física

Apenas doze espécimes foram encontrados com qualquer dano corporal (Quadro 1).
7 com caudas regeneradas: quatro *Sceloporus serrifer cyanogenys*, um *Sceloporus torquatus binocularis* e dois *Gerrhonotus liocephalus infernalis*.
2 com a cauda cortada: *Scincella silvicola caudaequinae* e *Sceloporus olivaceus*.
1 com um dedo do pé amputado: *Sceloporus serrifer cyanogenys*.
1 com dois dedos amputados: *Sceloporus serrifer cyanogenys*.
1 com ferida na mandíbula: *Gerrhonotus liocephalus infernalis*.
As especificações do quadro 1 são as seguintes:
Sexo: H: Fêmea, M: Macho, não foi identificado qualquer sexo nos recém-nascidos.
Peso: Gr: Gramas.
HCL: Comprimento da cauda do focinho em centímetros.
Primeiro algarismo: LHBC: comprimento do chanfro até à base da cauda.
Segunda figura: Comprimento da cauda.
No caso de um terceiro dígito: comprimento da parte regenerada da cauda.
Nas cobras, rãs e sapos, apenas foi registado o comprimento do corpo.
Microhabitat: o local onde foi encontrado o espécime amostrado.
Temperatura do microhabitat: nos casos em que existem dois valores, o primeiro é a T°
à sombra e o segundo numa zona ensolarada.

Tabla 1: Datos biológicos de los ejemplares muestreados:

Mues-tra	Especie	Sexo	Peso Gr	LHC (cm) LHBC - Cola	Observaciones Externas	Microhábitat	T° micro-Hábitat °C
001	*Sceloporus serrifer cyanogenys*	H				Sobre roca	22
002	*Sceloporus serrifer cyanogenys*	M	5.0	4.8-7.2		Sobre roca	22
003	*Sceloporus serrifer cyanogenys*	M	45.0	10.3-4.5/8.6	Cola regenerada	Sobre roca	22
004	*Sceloporus serrifer cyanogenys*	H	18.0	7.2-2.4/2.8	Cola regenerada	Sobre roca	22
005	*Sceloporus serrifer cyanogenys*	M	5.50	5.2-8.2		Bajo tronco	23
006	*Sceloporus torcuatus binocularis*	M	30.50	9.2-14.7		Sobre roca	23
007	*Sceloporus torcuatus binocularis*	M	7.0	5.7-9.7		Sobre roca	18/24
008	*Sceloporus olivaceus*	M	14.0	7.2-13.2		Hojarasca	22
009	*Sceloporus olivaceus*	H	30.0	8.9-13.1		Hojarasca	22
010	*Sceloporus olivaceus*	M	3.0	4.2-7.5		Hojarasca	22
011	*Gerrhonotus infernalis*	H	24.0	11.8-24.3		Hojarasca-Activa	21
012	*Gerrhonotus infernalis*	M	54.0	14.8-20.5	Herida en maxilar	Hojarasca	21
013	*Eumeces brevirostris pineus*			4.8-7.6		Bajo roca	22
014	*Sceloporus torcuatus binocularis*	M	10.0	6.4-2.8/2.3	Cola regenerada	Sobre tronco	22
015	*Tantilla rubra*		0.89	16.2		Bajo piedra	22
016	*Sceloporus serrifer cyanogenys*	M	6.0	5.6-2.6/4.4	Cola regenerada	Sobre tronco	21
017	*Rhadinaea montana*	M	10.90	45.7		Bajo piedra	22
018	*Sonora semiannulata*		5.53	25.5		Previa captura	22
019	*Masticophis taeniatus girardi*		8.69	45.9		Previa captura	21
020	*Sceloporus olivaceus*	M	1.20	3.2-5.5		Hojarasca-Activa	22
021	*Gerrhonotus infernalis*	H	26.0	11.6-23.6		Sobre tronco	21
022	*Sceloporus serrifer cyanogenys*	H	21.50	7.6-12.3		Sobre roca	21
023	*Sceloporus olivaceus*	H	10.35	6.6-12.9		Sobre roca	22
024	*Bufo nebulifer*		20.50	5.9		Bajo roca	22
025	*Sceloporus olivaceus*	M	2.05	3.7-7.1		Hojarasca	22

Tabla 1: Datos biológicos de los ejemplares muestreados (Continuación)

026	Gerrhonotus infernalis	H	27.0	11.6-18.8		Hojarasca	22.4/42.4
027	Sceloporus olivaceus	H	28.50	8.3-15.6		Sobre tronco	22.4/42.4
028	Sceloporus olivaceus	H	16.50	7.3-13.6		Hojarasca	22.2/25.4
029	Sceloporus olivaceus	H	40.50	9.3-13.6		Tronco de encino	22.2/25.4
030	Sceloporus olivaceus	H	15.50	7.4-14.1		Hojarasca	22.2/25.4
031	Sceloporus olivaceus	M	19.0	7.5-6.3/0	Cola cortada	Hojarasca	21.2/43.8
032	Sceloporus olivaceus	Cría	0.55	2.3-4.1		Bajo roca	29.6/41
033	Sceloporus serrifer cyanogenys	H	6.10	4.9-7.7		Sobre roca	28.8/40.8
034	Aspidoscelis gularis	M	2.95	4.5-10.3		Hojarasca	26.3/39.7
035	Sceloporus olivaceus	M	3.65	4.7-8.7		Hojarasca	19.2/33.2
036	Sceloporus serrifer cyanogenys	M	3.55	4.7-7.1		Sobre roca	19.2/33.2
037	Sceloporus serrifer cyanogenys	H	19.50	8.3-12.3	2 dedos amputados	Cabaña	23.4
038	Sceloporus serrifer cyanogenys	H	8.25	6.3-10.0		Cabaña	23.4
039	Sceloporus serrifer cyanogenys	M	4.80	5.2-8.0		Cabaña	23.4
040	Sceloporus serrifer cyanogenys	H	10.50	6.2-10.3		Cabaña	23.4
041	Salvadora grahamie lineata	H	37.50	65.0		Bajo roca	23.4
042	Hyla miotympanum		9.40	4.7		Arroyo	23.8
043	Sceloporus serrifer cyanogenys	H	3.20	4.4-6.6	1 dedo amputado	Sobre roca	23.8
044	Sceloporus serrifer cyanogenys	M	49.50	10.4-13.5	Cola regenerada	Sobre roca	23.6
045	Sceloporus serrifer cyanogenys	Cría	0.65	2.7-4.1		Sobre vereda	23.6
046	Bufo nebulifer		25.10	7.5		Madriguera	23.6
047	Bufo nebulifer		5.05	4.0		Hojarasca	21
048	Scincella sylvicola caudaequinae		0.90	3.7-2.1/0	Cola cortada	Hojarasca	20.6
049	Eumeces brevirostris pineus		0.95	3.3-3.4		Bajo tronco	20.6
050	Gerrhonotus infernalis	M	30.35	12.6-10.2/1.3	Cola regenerada	Entre hierbas	20.6
051	Sceloporus serrifer cyanogenys	H	5.25	5.7-8.6		Sobre roca	18.2
052	Sceloporus olivaceus	M	1.85	3.7-6.2		Bajo roca	18.2
053	Gerrhonotus infernalis	M	36.35	12.7-20.6/6.1	Cola regenerada	Bajo hierbas	21.2
054	Gerrhonotus infernalis	H	40.35	13.4-19.2		Entre hierbas	19.2

8.3- Procedimentos bacteriológicos

8.3.1- Crescimento bacteriano em caldos

Todas as amostras cresceram nos três caldos utilizados (Lactosato, Selenito e Tetrationato). Apenas a amostra 015 (*Tantilla rubra*) não cresceu no caldo selenito (Quadro 2).

Tabela 2: Crescimento bacteriano em caldos

Amostra	Caldo de Lactose	Caldo de Selenito	Caldo Tetrationato
001	+	+	+
002	+	+	+
003	+	+	+
004	+	+	+
005	+	+	+
006	+	+	+
007	+	+	+
008	+	+	+
009	+	+	+
010	+	+	+
011	+	+	+
012	+	+	+
013	+	+	+
014	+	+	+
015	+	-	+
016	+	+	+
017	+	+	+
018	+	+	+
019	+	+	+
020	+	+	+
021	+	+	+
022	+	+	+
023	+	+	+
024	+	+	+
025	+	+	+
026	+	+	+
027	+	+	+
028	+	+	+
029	+	+	+
030	+	+	+
031	+	+	+
032	+	+	+
033	+	+	+
034	+	+	+
035	+	+	+
036	+	+	+

037	+	+	+

Tabela 2: Crescimento bacteriano em caldos (continuação)

038	+	+	+
039	+	+	+
040	+	+	+
041	+	+	+
042	+	+	+
043	+	+	+
044	+	+	+
045	+	+	+
046	+	+	+
047	+	+	+
048	+	+	+
049	+	+	+
050	+	+	+
051	+	+	+
052	+	+	+
053	+	+	+
054	+	+	+

(+) Crescimento bacteriano positivo, o caldo estava turvo.
(-) Crescimento bacteriano negativo, o caldo não se alterou.

8.3.2- Crescimento de colónias bacterianas em ágar Chapman e ágar sangue

Das 54 amostras, cinco não registaram crescimento quer em ágar Chapman quer em ágar sangue: Amostras 020 (*Sceloporus olivaceus*), 043 (*Sceloporus serrifer cyanogenys*), 045 (*Sceloporus serrifer cyanogenys*), 046 (*Bufo nebulifer*) e 054 (*Gerrhonotus liocephalus infernalis*); 10 não apresentaram crescimento no ágar Chapman amostra 012 *(Gerrhonotus liocephalus infernalis)*, 013 *(Eumeces brevirostris pineus)*, 015 *(Tantilla rubra)*, 018 *(Sonora semiannulata semiannulata)*, 021 (*Gerrhonotus liocephalus infernalis*), 034 (*Aspidecelis gularis*), 038 *(Sceloporus serrifer cyanogenys)*, 048 (*Scincella caudaequina*), 049 *(Eumeces brevirostris pineus)* e 052 (*Sceloporus olivaceus*); e 2 não registaram crescimento em ágar-sangue, as amostras 042 (*Hyla myotimpanum*) e 050 (*Gerrhonotus liocephalus infernalis*) (quadro 3).

Tabla 3: Crecimiento de colonias bacterianas en Agar Chapman y Agar Sangre

Muestra	Agar Chapman	Agar Sangre
001	1- Colonias amarillas, grandes, irregulares. 2- Colonias medianas, redondas. 3- Colonias pequeñas.	1- Colonias blancas, grandes, redondas.
002	1- Colonias blancas, grandes, redondas. 2- Colonias blancas, pequeñas.	1- Colonias blancas, grandes redondas,. 2- Colonias amarillas. 3- Colonias pequeñas (Zona de hemólisis).
003	1- Colonias blancas, grandes, redondas. 2- Colonias pequeñas. 3- Colonias amarillas.	1- Colonias grandes. 2- Colonias pequeñas (Zona de hemólisis).
004	1- Colonias blancas, medianas, redondas,.	1- Colonias grandes. 2- Colonias medianas.
005	1- Colonias medianas	1- Colonias blancas.
006	1- Colonias grandes. 2- Colonias pequeñas.	1- Colonias blancas, grandes. 2- Colonias pequeñas.
007	1- Colonias amarillas, grandes. 2- Colonias blancas, grandes. 3- Colonias pequeñas.	1- Colonias blancas.
008	1- Colonias grandes. 2- Colonias medianas. 3- Colonias pequeñas.	1- Colonias blancas, grandes 2- Colonias blancas, pequeñas.
009	1- Colonias medianas.	1- Colonias grandes. 2- Colonias medianas.
010	1- Colonias grandes.	1- Colonias grandes. 2- Colonias pequeñas.
011	1- Colonias medianas.	1- Colonias pequeñas (Zona de hemólisis).

Tabla 3: Crecimiento de colonias bacterianas en Agar Chapman y Agar Sangre (Continuación)

012		1- Colonias grandes. 2- Colonias medianas. 3- Colonias pequeñas.
013		1- Colonias pequeñas.
014	1- Colonias grandes. 2- Colonias pequeñas.	1- Colonias amarillas. 2- Colonias blancas.
015		1- Colonias amarillas.
016	1- Colonias grandes.	1- Colonias grandes. 2- Colonias medianas. 3- Colonias pequeñas.
017	1- Colonias amarillas, grandes.	1- Colonias blancas. 2- Colonias amarillas. 3- Colonias pequeñas.
018		1- Colonias grandes. 2- Colonias pequeñas (Zona de hemólisis).
019	1- Colonias blancas, grandes. 2- Colonias amarillas. 3- Colonias pequeñas.	1- Colonias blancas. 2- Colonias pequeñas. Zona de hemólisis.
020		
021		1- Colonias pequeñas (Zona de hemólisis).
022	1- Colonias grandes. 2- Colonias medianas. 3- Colonias pequeñas.	1- Colonias blancas (Zona de hemólisis). 2- Colonias amarillas.
023	1- Colonias medianas.	1- Colonias blancas.
024	1- Colonias medianas.	1- Colonias pequeñas (Zona de hemólisis). 2- Colonias blancas.
025	1- Colonias grandes.	1- Colonias pequeñas (Zona de hemólisis). 2- Colonias blancas.

Tabla 3: Crecimiento de colonias bacterianas en Agar Chapman y Agar Sangre (Continuación)

026	1- Colonias grandes. 2- Colonias pequeñas. 3- Colonias amarillas.	1- Colonias blancas, medianas. 2- Colonias blancas, pequeñas.
027	1- Colonias pequeñas.	1- Colonias blancas (Zona de hemólisis). 2- Colonias pequeñas.
028	1- Colonias grandes, blancas. 2- Colonias amarillas.	1- Colonias grandes. 2- Colonias pequeñas (Zona de hemólisis).
029	1- Colonias blancas, grandes. 2- Colonias blancas, pequeñas. 3- Colonias amarillas.	1- Colonias pequeñas (Zona de hemólisis).
030	1- Colonias amarillas.	1- Colonias grandes. 2- Colonias medianas.
031	1- Colonias medianas. 2- Colonias pequeñas.	1- Colonias pequeñas.
032	1- Colonias blancas. 2- Colonias amarillas.	1- Colonias grandes.
033	1- Colonias blancas.	1- Colonias amarillas. 2- Colonias blancas. 3- Colonias pequeñas.
034		1- Colonias grandes (Zona de hemólisis) 2- Colonias pequeñas.
035	1- Colonias amarillas, grandes. 2- Colonias amarillas, pequeñas.	1- Colonias medianas (Zona de hemólisis). 2- Colonias pequeñas.
036	1- Colonias blancas, grandes. 2- Colonias blancas, medianas. 3- Colonias chicas.	1- Colonias medianas. 2- Colonias pequeñas.
037	1- Colonias blancas, medianas. 2- Colonias pálidas, pequeñas.	1- Colonias medianas (Zona de hemólisis). 2- Colonias pequeñas.
038		1- Colonias medianas.
039	1- Colonias amarillas.	1- Colonias grandes.

Tabla 3: Crecimiento de colonias bacterianas en Agar Chapman y Agar Sangre (Continuación)

040	1- Colonias blancas grandes. 2- Colonias amarillas.	1- Colonias blancas grandes. 2- Colonias medianas. 3- Colonias pequeñas.
041	1- Colonias blancas. 2- Colonias amarillas.	1- Colonias grandes. 2- Colonias pequeñas.
042	1- Colonias blancas.	
043		
044	1- Colonias blancas grandes. 2- Colonias blancas pequeñas. 3- Colonias amarillas.	1- Colonias amarillas, grandes. 2- Colonias blancas, pequeñas.
045		
046		
047	1- Colonias grandes. 2- Colonias pequeñas.	1- Colonias amarillas. 2- Colonias blancas. 3- Colonias pequeñas (Zona de hemólisis).
048		1- Colonias medianas.
049		1- Colonias pequeñas (Zona de hemólisis).
050	1- Colonias blancas. 2- Colonias amarillas.	
051	1- Colonias amarillas. 2- Colonias pequeñas.	1- Colonias pequeñas (Zona de hemólisis).
052		1- Colonias pequeñas (Zona de hemólsiis).
053	1- Colonias blancas grandes. 2- Colonias pequeñas.	1- Colonias grandes. 2- Colonias pequeñas.
054		

8.3.3- Crescimento de colónias bacterianas em ágar MacConkey, ágar Verde Brilhante e ágar XLD

Das 54 amostras, todas apresentaram crescimento em ágar MacConkey e ágar XLD, e três não apresentaram crescimento em ágar Verde Brilhante, as amostras 002 (*Sceloporus serrifer cyanogenys*), 015 *(Tantilla rubra)* e 042 *(Hyla myotimpanum)* (quadro 4).

Tabla 4: Crecimiento de colonias bacterianas en Agar MacConkey, Agar Verde Brillante y Agar XLD

Muestra	Agar MacConkey	Agar Verde Brillante	Agar XLD*
001	1- Colonias grandes. 2- Colonias medianas. 3- Colonias pequeñas.	Agar color rojo. 1- Colonias grandes. 2- Colonias medianas. 3- Colonias pequeñas.	Agar color rojo. 1- Colonias grandes. 2- Colonias medianas. 3- Colonias pequeñas.
002	1- Colonias rosas. 2- Colonias pálidas pequeñas.		Agar color rojo. 1- Colonias grandes. 2- Colonias pequeñas.
003	Agar color rosa. 1- Colonias pequeñas.	Agar color rojo. 1- Colonias pequeñas.	Agar color rojo. 1- Colonias grandes. 2- Colonias pequeñas.
004	1- Colonias rosas. 2- Colonias moradas grandes. 3- Colonias pequeñas.	Agar color rojo. 1- Colonias grandes.	Agar color rojo. 1- Colonias grandes. 2- Colonias pequeñas.
005	1- Colonias grandes. 2- Colonias medianas. 3- Colonias pequeñas.	Agar color rojo. 1- Colonias medianas. 2- Colonias pequeñas.	Agar color rojo. 1- Colonias grandes. 2- Colonias pequeñas.
006	Agar color rosa. 1- Colonias rojas grandes. 2- Colonias rosas grandes. 3- Colonias rojas pequeñas. 4- Colonias rosas pequeñas.	Agar color amarillo. 1- Colonias grandes. 2- Colonias pequeñas.	Agar color amarillo. 1- Colonias pequeñas.
007	1- Colonias grandes. 2- Colonias pequeñas.	Agar color amarillo. 1- Colonias grandes.	Agar color rojo. 1- Colonias grandes. 2- Colonias pequeñas.

Tabla 4: Crecimiento de colonias bacterianas en Agar MacConkey, Agar Verde Brillante y Agar XLD (Continuación)

008	1- Colonias grandes. 2- Colonias pequeñas.	Agar color rojo. 1- Colonia pálida grande. 2- Colonia blanca. 3- Colonia pequeña.	Agar color rojo. 1- Colonias blancas. 2- Colonias negras.
009	1- Colonias grandes. 2- Colonias pequeñas.	Agar color rojo. 1- Colonias grandes. 2- Colonias medianas.	Agar color rojo. 1- Colonias negras. 2- Colonias blancas.
010	1- Colonias grandes. 2- Colonias pequeñas.	Agar color rojo. 1- Colonias grandes. 2- Colonias pequeñas.	Agar color rojo. 1- Colonias grandes. 2- Colonias pequeñas.
011	Agar color rosa. 1- colonias grandes. 2- Colonias medianas. 3- Colonias pequeñas.	Agar color amarillo. 1- Colonias grandes. 2- Colonias pequeñas.	Agar color rojo. 1- colonias grandes. 2- Colonias pequeñas.
012	1- Colonias grandes. 2- Colonias pequeñas.	Agar color amarillo. 1- Colonias grandes. 2- Colonias pequeñas.	Agar color rojo. 1- Colonias pequeñas.
013	1- Colonias grandes. 2- Colonias pequeñas.	Agar color amarillo. 1- Colonias grandes.	Agar color rojo. 1- Colonias pálidas. 2- Colonias negras.
014	1- Colonias rojas. 2- Colonias rosas.	Agar color rojo. 1- Colonias rojas. 2- Colonias blancas.	Agar color rojo. 1- Colonias grandes. 2- Colonias pequeñas.
015	1- Colonias pequeñas.		Agar color anaranjado. 1- Colonias medianas.
016	Agar color rosa. 1- Colonias grandes. 2- Colonias medianas. 3- Colonias pequeñas.	Agar color amarillo. 1- Colonias grandes. 2- Colonias pequeñas.	Agar color rojo-amarillo. 1- Colonias blancas pequeñas. 2- Colonias negras pequeñas.

Tabla 4: Crecimiento de colonias bacterianas en Agar MacConkey, Agar Verde Brillante y Agar XLD (Continuación)

017	1- Colonias rojas. 2- Colonias pálidas.	Agar color rojo. 1- Colonias grandes. 2- Colonias pequeñas.	Agar color anaranjado. 1- Colonias negras. 2- Colonias blancas.
018	1- Colonias moradas. 2- Colonias pálidas.	Agar color rojo-amarillo. 1- Colonias amarillas. 2- Colonias rojas.	Agar color rojo-amarillo. 1- Colonias negras. 2- Colonias blancas.
019	Agar color rosa. 1- Colonias moradas grandes.	Agar color rojo. 1- Colonias medianas.	Agar color rojo-amarillo. 1- Colonias negras. 2- Colonias blancas.
020	1- Colonias medianas.	Agar color rojo. 1- Colonias grandes. 2- Colonias pequeñas.	Agar color rojo. 1- Colonias moradas. 2- Colonias blancas.
021	1- Colonias grandes. 2- Colonias pequeñas.	Agar color amarillo. 1- Colonias grandes. 2- Colonias pequeñas.	Agar negro. 1- Colonias medianas.
022	Agar color rosa. 1- Colonias grandes. 2- Colonias pequeñas.	Agar color amarillo. 1- Colonias grandes. 2- Colonias pequeñas.	Agar color amarillo. 1- Colonias negras. 2- Colonias blancas.
023	Agar color rosa. 1- Colonias pequeñas.	Agar color amarillo. 1- Colonias pequeñas.	Agar color amarillo. 1- Colonias negras. 2- Colonias blancas.
024	Agar color rosa. 1- Colonias medianas.	Agar color rojo. 1- Colonias grandes. 2- Colonias pequeñas.	Agar color rojo. 1- Colonias grandes. 2- Colonias pequeñas.
025	Agar color rosa-beige. 1- Colonias rojas. 2- Colonias pálidas.	Agar color amarillo. 1- Colonias grandes. 2- Colonias pequeñas.	Agar color rojo. 1- Colonias grandes.
026	1- Colonias grandes. 2- Colonias pequeñas.	Agar color anaranjado. 1- Colonias grandes.	Agar color amarillo. 1- Colonias negras.

Tabla 4: Crecimiento de colonias bacterianas en Agar MacConkey, Agar Verde Brillante y Agar XLD (Continuación)

	Agar MacConkey	Agar Verde Brillante	Agar XLD
027	1- Colonias grandes. 2- Colonias pequeñas.	Agar color rojo-amarillo. 1- Colonias amarillas grandes. 2- Colonias rojas.	Agar color amarillo. 1- Colonias negras.
028	1- Colonias grandes. 2- Colonias pequeñas.	Agar color rojo-amarillo. 1- Colonias amarillas. 2- Colonias rojas. 3- Colonias grandes.	Agar color rojo. 1- Colonias grandes.
029	1- Colonias pequeñas.	Agar color rojo-amarillo. 1- Colonias grandes. 2- Colonias pequeñas.	Agar color rojo. 1- Colonias blancas. 2- Colonias negras.
030	1- Colonias grandes. 2- Colonias pequeñas.	Agar color rojo-amarillo. 1- Colonias amarillas grandes. 2- Colonias rojas pequeñas.	Agar color rojo. 1- Colonias medianas.
031	1- Colonias cafés grandes. 2- Colonias rojas grandes. 3- Colonias pequeñas.	Agar color rojo. 1- Colonias medianas.	Agar color rojo. 1- Colonias negras. 7- Colonias blancas.
032	1- Colonias medianas. 2- Colonias pequeñas.	1- Colonias rojas.	Agar color rojo. 1- Colonias grandes. 2- Colonias pequeñas.
033	1- Colonias grandes. 2- Colonias pequeñas.	Agar color amarillo. 1- Colonias moradas. 2- Colonias amarillas.	Agar color amarillo. 1- Colonias pequeñas.
034	1- Colonias grandes. 2- Colonias pequeñas.	Agar color amarillo. 1- Colonias grandes. 2- Colonias pequeñas.	Agar color amarillo. 1- Colonias moradas. 2- Colonias pequeñas.
035	1- Colonias rojas grandes. 2- Colonias pequeñas.	Agar color rojo-amarillo. 1- Colonias amarillas. 2- Colonias rojas.	Agar color rojo. 1- Colonias negras. 2- Colonias blancas.

Tabla 4: Crecimiento de colonias bacterianas en Agar MacConkey, Agar Verde Brillante y Agar XLD (Continuación)

036	Agar color rosa. 1- Colonias grandes. 2- Colonias medianas. 3- Colonias pequeñas.	Agar color rojo-amarillo. 1- Colonias en zona roja. 2- Colonias en zona amarilla.	Agar color rojo-amarillo. 1- Colonias grandes. 2- Colonias pequeñas.
037	1- Colonias grandes. 2- Colonias pequeñas.	Agar rojo-amarillo. 1- Colonias grandes.	Agar color rojo-amarillo. 1- Colonias negras. 2- Colonias amarillas. 3- Colonias rojas.
038	1- Colonias grandes. 2- Colonias pequeñas.	Agar color amarillo. 1- Colonias medianas.	Agar color rojo-amarillo. 1- Colonias amarillas. 2- Colonias rojas.
039	1- Colonias grandes. 2- Colonias pequeñas.	Agar color rojo. 1- Colonias grandes. 2- Colonias pequeñas.	1- Colonias pequeñas.
040	1- Colonias grandes. 2- Colonias medianas. 3- Colonias pequeñas.	Agar color amarillo. 1- Colonias grandes.	Agar color anaranjado. 1- Colonias medianas.
041	1- Colonias rojas grandes. 2- Colonias pequeñas.	Agar color amarillo. 1- Colonias medianas.	Agar color rojo-amarillo. 1- Colonias negras. 2- Colonias blancas.
042	1- Colonias grandes. 2- Colonias pequeñas.		Agar color rojo. 1- Colonias grandes. 2- Colonias pequeñas.
043	1- Colonias grandes. 2- Colonias medianas.	Agar color amarillo. 1- Colonias amarillas grandes. 2- Colonias rojas.	Agar color amarillo. 1- Colonias pequeñas.
044	1- Colonias grandes. 2- Colonias pequeñas.	Agar color rojo. 1- Colonias pequeñas.	Agar color rojo. 1- Colonias grandes. 2- Colonias pequeñas.

Tabla 4: Crecimiento de colonias bacterianas en Agar MacConkey, Agar Verde Brillante y Agar XLD (Continuación)

	Agar MacConkey	Agar Verde Brillante	Agar XLD
045	1- Colonias moradas. 2- Colonias pálidas.	Agar color amarillo. 1- Colonias pequeñas.	Agar color rojo. 1- Colonias pálidas.
046	1- Colonias grandes. 2- Colonias medianas.	Agar color amarillo. 1- Colonias pequeñas.	Agar color amarillo. 1- Colonias pequeñas.
047	1- Colonias grandes. 2- Colonias medianas.	Agar color amarillo-anaranjado. 1- Colonias grandes. 2- Colonias pequeñas.	Agar color rojo-amarillo. 1- Colonias amarillas. 2- Colonias pequeñas.
048	Agar color rosa. 1- Colonias pequeñas.	Agar color amarillo. 1- Colonias pequeñas.	Agar color rojo. 1- Colonias grandes. 2- Colonias pequeñas.
049	1- Colonias moradas grandes.	Agar color amarillo. 1- Colonias grandes. 2- Colonias pequeñas.	Agar color rojo-amarillo. 1- Colonias rojas. 2- Colonias amarillas.
050	1- Colonias medianas. 2- Colonias pequeñas.	Agar color rosa. 1- Colonias grandes. 2- Colonias pequeñas.	Agar color rojo. 1- Colonias grandes. 2- Colonias medianas.
051	1- Colonias rojas. 2- Colonias pálidas.	Agar color rojo-amarillo. 1- Colonias grandes. 2- Colonias pequeñas.	Agar color anaranjado. 1- Colonias amarillas.
052	1- Colonias moradas. 2- Colonias pálidas.	Agar color amarillo. 1- Colonias grandes. 2- Colonias pequeñas.	Agar color rojo-amarillo. 1- Colonias negras. 2- Colonias blancas. 3- Colonias cafés.
053	1- Colonias rosas. 2- Colonias pálidas grandes. 3- Colonias pequeñas.	Agar color rojo-amarillo. 1- Colonias rojas grandes. 2- Colonias amarillas.	Agar color rojo. 1- Colonias grandes. 2- Colonias pequeñas.
054	Agar color rosa. 1- Colonias moradas grandes. 2- Colonias moradas pequeñas.	Agar color rojo. 1- Colonias grandes. 2- Colonias pequeñas.	Agar color rojo. 1- Colonias grandes. 2- Colonias pequeñas.

*XLD: Xilosa Lisina Desoxicolato

8.3.4- Diferenciação de bactérias Gram-negativas por testes bioquímicos

Das 54 amostras, foram identificadas 30 espécies diferentes de bactérias Gram-
negativas, o que perfaz um total de 293 estirpes. Cada espécie tem caraterísticas
bioquímicas diferentes, pelo que é necessário diferenciá-las (Quadro 5).

Tabla 5: Diferenciación bioquímica de Gram negativas

Bacteria	Glu	Lac	Sac	Gas	DL	DmL	Cit	Urea	Motil	Indol	Ornit	H2S
Acinetobacter lwofii	-	-	-	-	-	-	-	-	-	-	-	-
Aeromonas hydrophila	+	V	+	+	V	-	V	-	+	+	-	+
Alcaligenes faecalis	-	-	-	-	+	-	+	-	+	-	+	-
Cedecea lapagei	+	-	-	-	-	-	-	-	-	-	-	-
Citrobacter amalonaticus	+	V	V	V	-	-	V	V	V	+	+	-
Citrobacter braakii	+	+	-	V	-	-	-	-	+	-	+	+
Citrobacter freundii	+	V	V	+	-	-	+	V	V	-	V	V
Citrobacter koseri	+	V	V	+	-	-	+	V	V	+	+	-
Edwardsiella tarda	+	-	V	V	+	-	-	-	+	+	+	+
Enterobacter amnigenus biogrupo 1	+	V	+	+	-	-	V	-	V	-	+	-
Enterobacter amnigenus biogrupo 2	+	V	-	+	-	-	V	-	V	-	+	-
Enterobacter cancerogenus	+	-	-	-	-	-	-	-	-	-	+	-
Enterobacter cloacae	+	+	+	+	-	-	+	V	V	-	+	-
Escherichia coli	+	+	V	V	V	-	-	-	V	+	V	-
Escherichia coli inactiva	+	V	V	-	V	-	-	-	-	V	V	-
Hafnia alvei	+	V	V	+	+	-	V	-	+	-	+	-
Klebsiella oxytoca	+	+	+	+	+	-	+	+	-	+	-	-
Klebsiella pneumoniae sub. ozaenae	+	V	V	V	V	-	V	-	-	-	-	-
Klebsiella pneumoniae sub. pneumoniae	+	+	+	+	+	-	+	+	-	-	-	-
Klebsiella terrigena	+	+	+	V	+	-	V	-	-	-	V	+
Pantoea agglomerans	+	-	+	-	-	-	-	-	-	-	-	-
Proteus mirabilis	+	-	V	+	-	V	V	+	+	-	+	-
Proteus vulgaris	+	-	+	V	V	-	V	+	+	+	V	+
Providencia rettgeri	V	-	V	V	-	-	+	+	+	+	-	-

Tabla 5: Diferenciación bioquímica de Gram negativas (Continuación)

Pseudomonas aeruginosa	-	-	-	-	-	-	V	-	V	-	-	-
Salmonella choleraesuis sub. *arizonae*	+	V	-	V	+	-	V	-	+	-	+	+
Salmonella spp.	+	V	-	+	+	-	V	-	+	-	+	+
Serratia marcescens	V	-	+	V	+	-	+	V	+	-	+	-
Serratia odorifera	-	V	V	-	+	-	+	-	+	V	V	-
Shigella sonnei	+	-	-	+	-	-	-	-	-	-	+	-

(+) Positivo

(-) Negativo

(V) Variable

8.3.5- Testes bioquímicos para bactérias Gram-negativas

Como já foi referido, foram identificadas 30 espécies diferentes de bactérias Gram-negativas, obtendo-se 293 estirpes, das quais 29 foram identificadas tanto por testes bioquímicos como pelo sistema Vitek. Para conseguir a identificação destas bactérias, para além da coloração de Gram, foram semeadas em Caldo Lactose, Caldo Selenito, Caldo Tetrationato, Ágar MacConkey, Ágar Verde Brilhante, Ágar XLD, Ágar Ferro Triplo Açúcar, Ágar Ferro Lisina, Ágar Citrato Simmons, Ágar Base Ureia, Ágar Motilidade Ornitina Indole e Ágar Motilidade Indole Sulfídrico (Quadro 6).

Tabla 6: Pruebas bioquímicas para bacterias Gram negativas:

Muestra	TSI	Glu	Lac	Sac	Gas	LIA	DL	DmL	Cit	Urea	Mot	Ind	Orn	H2S	Género y especie
001AM1	AK/A	+	-	-	+	R/N	-	+	+	+	+	-	+	+	*Proteus mirabilis*
001AM2	A/A	+	+	+	-	K/N	-	-	-	-	-	-	+	-	*Escherichia coli* inactiva
001AM3	A/A	+	+	+	+	K/K	+	-	(+)d	+	-	-	-	-	*Klebsiella pneumoniae* sub. *pneumoniae*
002AM1	A/A	+	+	+	+	K/N	-	-	+	-	+	-	+	-	*Enterobacter cloacae*
002AM2	A/A	+	-	+	-	K/A	-	-	-	-	-	-	-	-	*Pantoea agglomerans**
003AM1	A/A	+	+	+	(+)d	K/K	+	-	-	-	+	+	+	-	*Escherichia coli*
004AM1	AK/A	+	-	-	+	K/K	+	-	-	-	+	-	+	-	*Salmonella* spp.*
004AM2	A/A	+	+	+	+	K/N	-	-	+	(+)d	+	-	+	-	*Enterobacter cloacae*
004AM3	AK/A	+	-	-	-	K/K	+	-	+	-	+	-	+	+	*Salmonella choleraesuis* sub. *arizonae*
005AM1	AK/A	+	-	-	+	K/N	-	-	+	-	+	-	+	-	*Citrobacter freundii*
005AM2	A/A	+	-	+	-	K/K	+	-	+	-	+	-	+	-	*Serratia marcescens*
005AM3	A/A	+	+	+	+	K/N	-	-	+	-	+	-	+	-	*Enterobacter cloacae*
006AM1	AK/AK	-	-	-	-	K/N	-	-	-	-	-	-	-	-	*Pseudomonas aeruginosa*
006AM2	A/A	+	+	+	+	K/N	-	-	+	(+)d	+	-	+	-	*Enterobacter cloacae*
006AM3	A/A	+	+	+	-	K/N	-	-	-	-	-	-	+	-	*Escherichia coli* inactiva
006AM4	A/A	+	+	+	+	K/N	-	-	+	-	-	-	+	+	*Citrobacter freundii*
007AM1	AK/A	+	+	-	(+)d	K/N	-	-	+	+	+	-	+	-	*Citrobacter freundii*
007AM2	AK/AK	-	-	-	-	K/N	-	-	-	-	-	-	-	-	*Pseudomonas aeruginosa*
008AM1	AK/AK	-	-	-	-	K/N	-	-	-	-	-	-	-	-	*Pseudomonas aeruginosa*
008AM2	A/A	+	+	+	+	K/N	-	-	+	+	+	-	+	-	*Enterobacter cloacae*
009AM1	AK/A	+	+	-	+	K/N	-	-	+	-	+	-	+	+	*Citrobacter freundii*
009AM2	AK/A	+	-	-	-	K/K	+	-	+	-	+	-	+	+	*Salmonella choleraesuis* sub. *arizonae*
010AM1	A/A	+	+	+	(+)r	K/N	-	-	-	-	-	-	+	-	*Enterobacter amnigenus* biogrupo 1
010AM2	A/A	+	+	+	+	K/A	-	-	+	+	+	-	+	-	*Enterobacter cloacae*
011AM1	A/A	+	+	+	-	K/K	+	-	-	-	-	-	+	-	*Escherichia coli* inactiva
011AM2	A/A	+	+	+	+	K/N	-	-	-	-	+	+	+	-	*Escherichia coli*
011AM3	A/A	+	+	+	-	K/N	-	-	-	-	+	+	+	-	*Escherichia coli*
012AM1	A/A	+	+	+	+	K/N	-	-	-	-	-	-	+	-	*Enterobacter amnigenus* biogrupo 1

Tabla 6: Pruebas bioquímicas para bacterias Gram negativas (Continuación)

012AM2	A/A	+	+	+	+	K/K	+	-	-	-	-	-	+	-	Klebsiella terrigena
013AM1	A/A	+	+	+	+	K/N	-	-	+	+	+	-	+	-	Enterobacter cloacae
013AM2	A/A	+	+	+	+	K/N	-	-	+	+	-	-	-	-	Klebsiella pneumoniae sub. pneumoniae
014AM1	AK/A	+	+	-	-	K/K	+	-	+	-	-	-	-	-	Klebsiella pneumoniae sub. pneumoniae
014AM2	A/A	+	+	+	+	K/N	-	-	+	-	+	-	+	-	Enterobacter cloacae
015AM1	AK/A	+	+	-	-	K/K	+	-	+	-	-	-	-	-	Klebsiella pneumoniae sub. ozaenae
016AM1	A/A	+	+	+	+	K/N	-	-	+	+	+	-	+	+	Citrobacter freundii
016AM2	A/A	+	+	+	+	K/N	-	-	+	+	+	-	+	+	Citrobacter freundii
016AM3	A/A	+	+	+	+	K/N	-	-	+	-	+	-	+	+	Citrobacter freundii
017AM1	A/A	+	+	+	+	R/N	-	+	-	+	+	+	+	+	Proteus vulgaris
017AM2	AK/A	+	-	-	+	R/N	-	+	+	+	+	-	+	+	Proteus mirabilis
018AM1	AK/AK	-	-	-	-	K/N	-	-	+	-	-	-	-	-	Pseudomonas aeruginosa*
018AM2	A/A	+	+	+	-	A/A	-	-	-	-	-	-	-	-	Escherichia coli inactiva
019AM1	A/A	+	+	+	-	A/A	-	-	-	-	-	-	-	-	Escherichia coli inactiva
020AM1	AK/A	+	-	-	-	K/K	+	-	+	-	+	-	+	+	Salmonella choleraesuis sub. arizonae
021AM1	A/A	+	+	+	-	K/K	+	-	-	-	-	-	+	-	Escherichia coli inactiva
021AM2	AK/A	+	-	-	-	K/K	+	-	+	-	+	-	+	+	Salmonella choleraesuis sub. arizonae
022AM1	AK/AK	-	-	-	-	K/N	-	-	-	-	-	-	-	-	Pseudomonas aeruginosa
022AM2	A/A	+	+	+	+	K/K	+	-	+	+	-	-	-	-	Klebsiella pneumoniae sub. pneumoniae
023AM1	A/A	+	+	+	+	K/A	-	-	+	+	+	-	-	+	Citrobacter freundii
024AM1	AK/A	+	-	-	-	K/N	-	-	-	-	-	-	+	-	Escherichia coli inactiva
025AM1	A/A	+	+	+	+	K/N	-	-	+	+	+	+	+	-	Citrobacter koseri
025AM2	AK/AK	-	-	-	-	K/N	-	-	-	-	-	-	-	-	Pseudomonas aeruginosa
026AM1	AK/A	+	+	+	+	K/K	+	-	+	+	-	-	-	-	Klebsiella pneumoniae sub. pneumoniae
026AM2	AK/AK	-	-	-	-	K/N	-	-	-	-	-	-	-	-	Pseudomonas aeruginosa
027AM1	AK/A	+	+	-	-	K/N	-	-	+	-	-	-	-	-	Klebsiella pneumoniae sub. ozaenae
027AM2	AK/A	+	+	-	-	K/N	-	-	+	-	-	-	-	-	Klebsiella pneumoniae sub. ozaenae
028AM1	A/A	+	+	+	+	K/N	-	-	+	-	+	-	+	+	Citrobacter freundii
028AM2	A/A	+	-	+	+	R/N	-	+	+	+	+	+	+	+	Proteus vulgaris

Tabla 6: Pruebas bioquímicas para bacterias Gram negativas (Continuación)

029AM1	AK/A	+	-	-	-	K/K	+	-	+	-	+	-	+	+	Salmonella choleraesuis sub. arizonae
030AM1	AK/A	+	-	-	-	K/K	+	-	-	-	+	-	+	+	Salmonella choleraesuis sub. arizonae
030AM2	AK/AK	-	-	-	-	K/N	-	-	-	-	-	-	-	-	Pseudomonas aeruginosa
031AM1	A/A	+	-	+	+	R/N	-	+	+	(+)d	-	-	+	+	Proteus mirabilis
031AM2	AK/AK	-	-	-	-	K/N	-	-	-	-	-	-	-	-	Acinetobacter lwoffii/junii*
031AM3	A/A	+	+	+	+	K/K	+	-	+	-	+	-	+	-	Hafnia alvei
032AM1	AK/A	+	+	-	-	K/K	+	-	+	-	+	-	+	+	Salmonella choleraesuis sub. arizonae
032AM2	AK/A	+	-	-	-	K/N	-	-	-	-	-	-	-	-	Cedecea lapagei*
033AM1	AK/AK	-	-	-	-	K/N	-	-	+	-	-	-	-	-	Pseudomonas aeruginosa
033AM2	A/A	+	+	+	+	K/N	-	-	+	(+)d	+	-	+	+	Citrobacter freundii
034AM1	AK/AK	-	-	-	-	K/N	-	-	-	-	-	-	-	-	Pseudomonas aeruginosa
034AM2	A/A	+	+	+	-	K/N	-	-	+	-	-	-	+	+	Citrobacter freundii
035AM1	A/A	+	+	+	+	K/K	+	-	-	-	-	-	-	-	Klebsiella pneumoniae sub. pneumoniae
035AM2	A/A	+	+	+	+	K/N	-	-	+	-	-	-	-	+	Citrobacter freundii
036AM1	A/A	+	+	+	-	A/A	-	-	-	-	-	-	-	-	Klebsiella pneumoniae sub. ozaenae
036AM2	AK/A	+	-	-	-	K/N	-	-	-	-	-	-	+	-	Enterobacter cancerogenus*
036AM3	AK/A	+	+	-	-	K/N	-	-	-	-	-	-	+	-	Escherichia coli inactiva
037AM1	A/A	+	+	+	+	K/N	-	-	-	-	-	-	+	-	Enterobacter amnigenus biogrupo 1
037AM2	A/A	+	+	+	+	K/N	-	-	+	-	+	-	+	-	Enterobacter cloacae
038AM1	A/A	+	+	+	+	K/K	+	-	+	+	-	-	-	-	Klebsiella pneumoniae sub. pneumoniae
038AM2	A/A	+	+	+	+	K/A	-	-	+	+	+	-	+	-	Enterobacter cloacae
039AM1	AK/AK	-	-	-	-	K/K	+	-	+	-	+	-	+	-	Alcaligenes faecalis
039AM2	AK/A	+	+	-	+	K/N	-	-	+	+	-	-	+	-	Citrobacter freundii
040AM1	A/A	+	+	+	+	K/N	-	-	+	-	+	-	+	-	Enterobacter cloacae
040AM2	AK/A	+	+	-	+	K/N	-	-	+	-	+	-	+	+	Citrobacter freundii
040AM3	AK/A	+	+	-	+	K/K	+	-	+	-	+	-	+	+	Salmonella choleraesuis sub. arizonae
041AM1	A/A	+	+	+	+	K/N	-	-	+	-	-	-	+	+	Citrobacter freundii
041AM2	A/A	+	+	+	+	K/A	-	-	-	-	+	-	+	+	Citrobacter freundii
042AM1	A/A	+	+	+	+	K/N	-	-	+	-	-	-	+	+	Citrobacter freundii

Tabla 6: Pruebas bioquímicas para bacterias Gram negativas (Continuación)

Código															Especie
042AM2	A/A	+	+	+	+	K/K	+	-	+	+	-	-	-	-	Klebsiella pneumoniae sub. pneumoniae
043AM1	A/A	+	+	+	+	K/N	-	-	+	-	+	-	+	-	Enterobacter cloacae
043AM2	AK/A	+	+	-	+	K/A	-	-	+	-	+	-	+	-	Citrobacter freundii
044AM1	AK/A	+	-	-	+	K/K	+	-	-	-	+	-	+	+	Salmonella choleraesuis sub. arizonae
044AM2	A/A	+	+	+	-	A/A	-	-	-	-	-	-	-	-	Escherichia coli inactiva
045AM1	A/A	+	+	+	+	K/N	-	-	+	+	+	-	+	-	Enterobacter cloacae
045AM2	A/A	+	+	+	+	K/K	+	-	+	+	-	+	-	-	Klebsiella oxytoca
046AM1	A/A	+	+	+	+	K/N	-	-	+	+	+	-	+	-	Enterobacter cloacae
046AM2	A/A	+	+	+	+	K/N	-	-	+	+	+	-	+	-	Enterobacter cloacae
047AM1	A/A	+	+	+	+	K/N	-	-	+	+	+	-	+	+	Citrobacter freundii
047AM2	A/A	+	+	+	-	K/N	-	-	+	+	-	+	+	-	Citrobacter amalonaticus
048AM1	AK/AK	-	-	-	-	K/N	-	-	-	-	-	-	-	-	Pseudomonas aeruginosa
049AM1	A/A	+	+	+	+	K/K	+	-	-	-	-	-	-	-	Klebsiella pneumoniae sub. pneumoniae
050AM1	AK/A	+	-	-	+	R/N	-	+	+	+	+	-	+	(+)d	Proteus mirabilis
050AM2	AK/A	+	-	-	+	K/K	+	-	-	-	+	-	+	-	Salmonella spp.*
051AM1	A/A	+	+	+	-	K/N	-	-	-	-	-	-	+	-	Escherichia coli inactiva
051AM2	AK/A	+	+	-	+	K/K	+	-	-	-	-	-	+	+	Salmonella choleraesuis sub. arizonae
052AM1	AK/AK	-	-	-	-	K/N	-	-	-	-	-	-	-	-	Pseudomonas aeruginosa
052AM2	A/A	+	-	+	+	R/N	-	+	+	+	+	-	+	+	Proteus mirabilis
053AM1	A/A	+	+	+	+	K/K	+	-	+	+	-	-	-	-	Klebsiella pneumoniae sub. pneumoniae
053AM2	AK/AK	-	-	-	-	K/N	-	-	-	-	-	-	-	-	Acinetobacter lwoffii/junii*
053AM3	AK/A	+	+	-	-	K/N	-	-	+	-	-	-	+	-	Enterobacter amnigenus biogrupo 2*
054AM1	AK/A	+	+	-	+	K/N	-	-	-	-	+	-	-	(+)d	Citrobacter braakii*
054AM2	AK/AK	-	-	-	-	K/N	-	-	-	-	-	-	-	-	Pseudomonas aeruginosa
001VB1	AK/A	+	-	-	+	R/N	-	+	-	+	+	-	+	+	Proteus mirabilis
001VB2	AK/A	+	-	-	+	R/N	-	+	-	+	+	-	+	(+)d	Proteus mirabilis
001VB3	AK/A	+	-	-	+	K/N	-	-	+	-	+	-	+	-	Citrobacter freundii
003VB1	AK/AK	-	-	-	-	K/N	-	-	-	-	-	-	-	-	Pseudomonas aeruginosa
004VB1	AK/AK	-	-	-	-	K/N	-	-	-	-	-	-	-	-	Pseudomonas aeruginosa

Tabla 6: Pruebas bioquímicas para bacterias Gram negativas (Continuación)

005VB1	AK/A	+	+	-	+	K/N	-	-	+	-	+	-	+	-	Citrobacter freundii
005VB2	AK/A	+	-	-	+	K/N	-	-	-	-	-	-	+	-	Shigella sonnei*
006VB1	A/A	+	+	+	+	K/N	-	-	+	+	+	-	+	+	Citrobacter freundii
006VB2	AK/AK	-	-	-	-	K/N	-	-	-	-	-	-	-	-	Pseudomonas aeruginosa
007VB1	A/A	+	+	+	+	K/A	-	-	+	-	-	-	+	-	Citrobacter freundii
008VB1	AK/A	+	+	-	+	K/K	+	-	-	-	-	-	+	+	Salmonella choleraesuis sub. arizonae
008VB2	A/A	+	+	+	+	K/K	+	-	+	+	-	-	-	-	Klebsiella pneumoniae sub. pneumoniae
008VB3	A/A	+	-	+	+	K/K	+	-	+	-	+	+	-	+	Aeromonas hydrophila
009VB1	AK/A	+	-	-	+	K/K	+	-	+	-	+	-	+	+	Salmonella choleraesuis sub. arizonae
009VB2	A/A	+	-	+	+	K/K	+	-	-	-	+	+	-	+	Aeromonas hydrophila
010VB1	AK/A	+	+	-	+	K/K	+	-	+	-	+	-	+	+	Salmonella choleraesuis sub. arizonae
010VB2	AK/A	+	+	-	-	K/K	+	-	+	-	+	-	+	+	Salmonella choleraesuis sub. arizonae
011VB1	A/A	+	+	+	+	K/A	-	-	+	-	-	-	+	-	Citrobacter freundii
011VB2	AK/AK	-	-	-	-	K/N	-	-	+	-	+	-	+	-	Alcaligenes faecalis
012VB1	A/A	+	+	+	+	K/N	-	-	+	-	+	-	+	-	Enterobacter cloacae
012VB2	A/A	+	+	+	-	K/A	-	-	+	-	+	-	+	-	Enterobacter cloacae
013VB1	AK/AK	-	-	-	-	K/N	-	-	-	-	-	-	-	-	Pseudomonas aeruginosa
014VB1	A/A	+	+	+	+	K/N	-	-	+	-	+	-	+	+	Citrobacter freundii
014VB2	A/A	+	+	+	+	K/K	+	-	-	-	+	-	+	-	Hafnia alvei
016VB1	A/A	+	+	+	+	K/A	-	-	+	+	+	-	+	+	Citrobacter freundii
016VB2	A/A	+	+	+	+	K/A	-	-	+	+	+	-	+	+	Citrobacter freundii
017VB1	AK/A	+	-	-	(+) d	K/K	+	-	+	-	+	-	+	+	Salmonella choleraesuis sub. arizonae
017VB2	AK/A	+	-	-	+	R/A	-	+	+	+	+	-	+	-	Proteus mirabilis
018VB1	AK/AK	-	-	-	-	K/N	-	-	-	-	-	-	-	-	Pseudomonas aeruginosa
018VB2	AK/AK	-	-	-	-	K/N	-	-	-	-	-	-	-	-	Pseudomonas aeruginosa
019VB1	AK/AK	-	-	-	-	K/N	-	-	-	-	-	-	-	-	Pseudomonas aeruginosa
020VB1	AK/AK	-	-	-	-	K/N	-	-	-	-	-	-	-	-	Pseudomonas aeruginosa
020VB2	AK/A	+	-	-	-	K/K	+	-	-	-	+	-	+	-	Escherichia coli inactiva
021VB1	A/A	+	+	+	+	K/A	-	-	+	+	-	-	+	-	Citrobacter freundii

Tabla 6: Pruebas bioquímicas para bacterias Gram negativas (Continuación)

021VB2	A/A	+	+	+	+	K/A	-	-	+	+	+	-	+	-	Enterobacter cloacae
022VB1	AK/A	+	+	-	-	K/K	+	-	+	-	+	-	+	+	Salmonella choleraesuis sub. arizonae
022VB2	A/A	+	+	+	+	K/K	+	-	+	+	-	-	-	-	Klebsiella pneumoniae sub. pneumoniae
023VB1	AK/A	+	+	-	+	K/N	-	-	-	-	+	-	+	+	Citrobacter freundii*
024VB1	AK/AK	-	-	-	-	K/N	-	-	-	-	-	-	-	-	Pseudomonas aeruginosa
024VB2	AK/AK	-	-	-	-	K/N	-	-	-	-	-	-	-	-	Pseudomonas aeruginosa
025VB1	AK/AK	-	-	-	-	K/N	-	-	-	-	-	-	-	-	Pseudomonas aeruginosa
025VB2	A/A	+	+	+	-	K/K	+	-	-	-	-	-	+	-	Escherichia coli inactiva
026VB1	AK/A	+	-	-	+	K/N	-	-	+	-	+	-	+	-	Enterobacter amnigenus biogrupo 2*
027VB1	AK/A	+	+	-	-	K/K	+	-	-	-	+	-	+	+	Salmonella choleraesuis sub. arizonae
027VB2	A/A	+	+	+	+	K/N	-	-	+	-	+	-	+	-	Enterobacter cloacae
028VB1	A/A	+	+	+	+	K/K	+	-	+	+	-	+	-	-	Klebsiella oxytoca
028VB2	A/A	+	-	+	-	K/K	+	-	-	-	+	+	+	+	Edwardsiella tarda
028VB3	AK/AK	-	-	-	-	K/N	-	-	+	-	-	-	-	-	Pseudomonas aeruginosa*
029VB1	A/A	+	+	+	+	K/A	-	-	+	+	+	-	+	+	Citrobacter freundii
029VB2	A/A	+	+	+	+	K/A	-	-	+	+	+	-	+	+	Citrobacter freundii
030VB1	AK/A	+	+	-	-	K/K	+	-	-	-	+	-	+	+	Salmonella choleraesuis sub. arizonae
030VB2	AK/A	+	+	-	(+)d	K/K	+	-	-	-	-	-	+	+	Salmonella choleraesuis sub. arizonae
031VB1	AK/A	+	+	-	-	K/K	+	-	-	-	+	-	+	+	Salmonella choleraesuis sub. arizonae
032VB1	AK/A	+	-	-	-	K/K	+	-	-	-	+	-	+	+	Salmonella choleraesuis sub. arizonae
033VB1	A/A	+	+	+	-	K/A	-	-	+	-	+	-	-	+	Citrobacter freundii
033VB2	A/A	+	+	+	-	K/A	-	-	+	-	+	-	-	+	Citrobacter freundii
034VB1	A/A	+	+	+	-	K/A	-	-	+	-	+	-	+	+	Citrobacter freundii
034VB2	A/A	+	+	+	-	K/K	+	-	+	-	+	-	+	+	Salmonella choleraesuis sub. arizonae
035VB1	A/A	+	+	+	-	K/K	+	-	-	-	-	-	+	-	Escherichia coli inactiva
035VB2	AK/A	+	-	-	+	K/N	-	-	+	-	+	-	+	+	Citrobacter freundii
036VB1	A/A	+	+	+	+	K/A	-	-	+	-	+	-	-	+	Citrobacter freundii
036VB2	A/A	+	+	+	-	A/A	-	-	-	-	-	-	-	-	Escherichia coli inactiva
037VB1	A/A	+	+	+	-	A/A	-	-	-	-	-	-	-	-	Escherichia coli inactiva

Tabla 6: Pruebas bioquímicas para bacterias Gram negativas

038VB1	A/A	+	+	+	+	K/N	-	-	+	+	+	-	+	+	Proteus mirabilis
039VB1	A/A	+	+	+	+	K/K	+	-	+	+	-	-	-	-	Klebsiella pneumoniae sub. pneumoniae
039VB2	AK/A	+	+	-	+	K/N	-	-	+	-	-	-	-	-	Citrobacter freundii
040VB1	AK/A	+	+	-	-	K/K	+	-	-	-	-	-	-	-	Escherichia coli inactiva
041VB1	A/A	+	+	+	-	K/N	-	-	+	-	+	-	-	+	Citrobacter freundii
043VB1	A/A	+	-	+	+	K/N	-	-	-	+	+	-	+	+	Proteus mirabilis
043VB2	AK/A	+	+	-	+	K/N	-	-	-	-	+	-	+	+	Citrobacter braakii*
044VB1	AK/A	+	-	-	-	K/K	+	-	-	-	-	-	+	-	Hafnia alvei*
045VB1	A/A	+	+	+	-	K/K	+	-	+	+	-	+	-	-	Escherichia coli inactiva
046VB1	A/A	+	+	+	-	K/A	-	-	-	-	+	-	-	+	Citrobacter freundii
047VB1	A/A	+	+	+	-	K/K	+	-	+	-	+	-	+	+	Salmonella choleraesuis sub. arizonae
047VB2	AK/A	+	+	-	-	K/A	-	-	+	-	+	+	+	-	Citrobacter amalonaticus
048VB1	A/A	+	+	+	-	K/K	+	-	-	-	-	-	+	-	Escherichia coli inactiva
049VB1	A/A	+	+	+	+	K/N	-	-	-	+	-	+	+	-	Citrobacter amalonaticus
049VB2	AK/AK	-	-	-	-	K/N	-	-	-	-	-	-	-	-	Pseudomonas aeruginosa
050VB1	A/AK	+	-	-	+	K/N	-	-	-	-	-	-	+	-	Enterobacter amnigenus biogrupo 2*
050VB2	AK/A	+	-	-	+	K/K	+	-	+	-	-	-	+	+	Salmonella choleraesuis sub. arizonae
051VB1	A/A	+	+	+	+	K/N	-	-	+	-	+	-	+	+	Citrobacter freundii
051VB2	A/A	+	+	+	+	K/N	-	-	+	-	+	-	+	+	Citrobacter freundii
052VB1	A/A	+	+	+	-	K/A	-	-	-	-	+	-	-	+	Citrobacter freundii
052VB2	AK/A	+	+	-	-	K/N	-	-	-	-	+	-	+	+	Citrobacter braakii*
053VB1	A/A	+	+	+	(+)d	K/N	-	-	+	+	+	+	-	-	Providencia rettgeri
053VB2	AK/A	+	+	-	+	K/N	-	-	+	-	-	-	-	-	Citrobacter freundii
054VB1	AK/A	+	-	-	+	K/N	-	-	+	-	-	-	+	-	Citrobacter freundii
054VB2	AK/AK	-	-	-	-	K/N	-	-	+	-	+	-	-	-	Pseudomonas aeruginosa*
001XLD1	A/A	+	+	+	-	K/K	+	-	-	-	-	-	+	-	Escherichia coli inactiva
001XLD2	AK/AK	-	-	-	-	K/N	-	-	+	-	-	-	-	-	Pseudomonas aeruginosa*
001XLD3	A/AK	-	+	+	-	K/K	+	-	-	-	-	-	+	-	Serratia odorifera
002XLD1	AK/AK	-	-	-	-	K/N	-	-	+	-	-	-	-	-	Pseudomonas aeruginosa*

Tabla 6: Pruebas bioquímicas para bacterias Gram negativas (Continuación)

002XLD2	AK/AK	-	-	-	-	K/N	-	-	-	-	-	-	-	-	*Pseudomonas aeruginosa*
003XLD1	AK/AK	-	-	-	-	K/N	-	-	-	-	-	-	-	-	*Pseudomonas aeruginosa*
003XLD2	AK/AK	-	-	-	-	K/N	-	-	-	-	-	-	-	-	*Pseudomonas aeruginosa*
004XLD1	AK/AK	-	-	-	-	K/N	-	-	-	-	-	-	-	-	*Pseudomonas aeruginosa*
004XLD2	AK/AK	-	-	-	-	K/K	+	-	+	-	+	-	+	-	*Alcaligenes faecalis*
005XLD1	A/A	+	+	+	+	K/K	+	-	+	+	-	-	-	-	*Klebsiella pneumoniae sub. pneumoniae*
005XLD2	AK/AK	-	-	-	-	K/N	-	-	-	-	-	-	-	-	*Pseudomonas aeruginosa*
006XLD1	A/A	+	+	-	+	K/K	+	-	-	-	+	-	+	+	*Salmonella choleraesuis sub. arizonae*
007XLD1	AK/AK	-	-	-	-	K/N	-	-	-	-	-	-	-	-	*Pseudomonas aeruginosa*
007XLD2	A/A	+	+	-	+	K/K	+	-	-	-	-	-	+	+	*Salmonella choleraesuis sub. arizonae*
008XLD1	A/A	+	+	+	+	K/N	-	-	+	-	-	-	-	-	*Citrobacter freundii*
008XLD2	AK/A	+	-	-	-	K/K	+	-	-	-	+	-	+	+	*Salmonella choleraesuis sub. arizonae*
009XLD1	AK/AK	-	-	-	-	K/N	-	-	-	-	-	-	-	-	*Pseudomonas aeruginosa*
009XLD2	AK/A	+	-	-	+	K/K	+	-	-	-	-	-	+	+	*Salmonella choleraesuis sub. arizonae*
010XLD1	A/A	+	-	+	+	R/N	-	+	-	+	-	-	+	+	*Proteus mirabilis*
010XLD2	A/A	+	-	+	-	R/N	-	+	-	+	+	-	+	+	*Proteus mirabilis*
011XLD1	A/A	+	+	+	+	K/K	+	-	+	+	-	-	-	-	*Klebsiella pneumoniae sub. pneumoniae*
011XLD2	A/A	+	-	+	-	K/K	+	-	+	-	+	+	-	+	*Aeromonas hydrophila*
012XLD1	A/AK	-	+	+	-	K/K	+	-	-	+	-	-	+	-	*Serratia marcescens*
013XLD1	A/A	+	-	+	-	K/K	+	-	+	-	+	+	-	+	*Aeromonas hydrophila*
013XLD2	AK/AK	-	-	-	-	K/N	-	-	-	-	-	-	-	-	*Pseudomonas aeruginosa*
014XLD1	AK/A	+	+	-	+	K/K	+	-	+	-	+	-	+	-	*Hafnia alvei*
014XLD2	A/A	+	+	+	-	K/K	+	-	-	-	-	-	+	-	*Escherichia coli inactiva*
015XLD1	AK/AK	-	-	-	-	K/N	-	-	-	-	-	-	-	-	*Pseudomonas aeruginosa*
016XLD1	AK/AK	-	-	-	-	K/N	-	-	-	-	-	-	-	-	*Pseudomonas aeruginosa*
016XLD2	AK/AK	-	-	-	-	K/N	-	-	-	-	-	-	-	-	*Pseudomonas aeruginosa*
017XLD1	AK/A	+	-	-	+	K/K	+	-	-	-	-	-	+	+	*Salmonella choleraesuis sub. arizonae*
017XLD2	AK/A	+	+	-	-	K/A	-	-	-	-	-	-	+	-	*Escherichia coli inactiva*
018XLD1	AK/A	+	+	-	-	K/K	+	-	-	-	-	-	+	-	*Escherichia coli inactiva*

Tabla 6: Pruebas bioquímicas para bacterias Gram negativas (Continuación)

018XLD2	AK/AK	-	-	-	-	K/N	-	-	-	-	-	-	-	-	Pseudomonas aeruginosa
019XLD1	A/A	+	+	+	+	K/K	+	-	-	-	-	-	-	-	Klebsiella pneumoniae sub. ozaenae
019XLD2	A/A	+	+	+	+	K/N	-	-	-	-	+	-	+	-	Enterobacter amnigenus biogrupo 1
020XLD1	AK/AK	-	-	-	-	K/N	-	-	-	-	-	-	-	-	Pseudomonas aeruginosa
020XLD2	AK/AK	-	-	-	-	K/N	-	-	-	-	-	-	-	-	Pseudomonas aeruginosa
021XLD1	AK/A	+	-	-	-	K/K	+	-	-	-	-	-	+	+	Salmonella choleraesuis sub. arizonae
022XLD1	AK/A	+	-	-	-	K/K	+	-	-	-	+	-	+	+	Salmonella choleraesuis sub. arizonae
022XLD2	AK/A	+	-	-	-	K/K	+	-	+	-	+	-	+	+	Salmonella choleraesuis sub. arizonae
023XLD1	A/A	+	-	+	-	K/K	+	-	+	-	+	+	-	+	Aeromonas hydrophila
023XLD2	A/A	+	-	+	-	K/K	+	-	+	-	+	+	-	+	Aeromonas hydrophila
024XLD1	AK/AK	-	-	-	-	K/K	+	-	+	-	+	-	+	-	Alcaligenes faecalis
024XLD2	AK/AK	-	-	-	-	K/K	+	-	+	-	+	-	+	-	Alcaligenes faecalis
025XLD1	A/A	+	+	+	+	K/K	+	-	+	+	-	-	-	-	Klebsiella pneumoniae sub. pneumoniae
026XLD1	AK/AK	-	-	-	-	K/N	-	-	+	-	-	-	-	-	Pseudomonas aeruginosa*
027XLD1	AK/AK	-	-	-	-	K/N	-	-	+	-	-	-	-	-	Pseudomonas aeruginosa*
028XLD1	AK/AK	-	-	-	-	K/N	-	-	-	-	-	-	-	-	Pseudomonas aeruginosa
029XLD1	AK/A	+	-	-	-	K/K	+	-	-	-	+	-	+	+	Salmonella choleraesuis sub. arizonae
029XLD2	A/A	+	+	-	+	K/K	+	-	-	-	+	-	+	+	Salmonella choleraesuis sub. arizonae
030XLD1	AK/AK	-	-	-	-	K/N	-	-	-	-	-	-	-	-	Pseudomonas aeruginosa
031XLD1	AK/AK	-	-	-	-	K/N	-	-	-	-	-	-	-	-	Pseudomonas aeruginosa
031XLD2	AK/AK	-	-	-	-	K/N	-	-	+	-	+	-	-	-	Pseudomonas aeruginosa*
032XLD1	A/A	+	+	+	-	K/K	+	-	-	-	-	-	+	-	Escherichia coli inactiva
032XLD2	AK/AK	-	-	-	-	K/N	-	-	+	-	-	-	-	-	Pseudomonas aeruginosa*
033XLD1	A/A	+	+	+	+	K/A	-	-	-	-	+	-	-	+	Citrobacter freundii
034XLD1	A/A	+	+	-	+	K/K	+	-	-	-	+	-	+	+	Salmonella choleraesuis sub. arizonae
034XLD2	A/A	+	+	-	+	K/K	+	-	+	-	+	-	+	+	Salmonella choleraesuis sub. arizonae
035XLD1	AK/A	+	-	-	+	K/K	+	-	-	-	+	-	+	+	Salmonella choleraesuis sub. arizonae
035XLD2	AK/A	+	-	-	+	K/K	+	-	+	-	+	-	+	+	Salmonella choleraesuis sub. arizonae
036XLD1	A/A	+	-	+	-	K/K	+	-	+	-	+	+	-	+	Aeromonas hydrophila

Tabla 6: Pruebas bioquímicas para bacterias Gram negativas (Continuación)

036XLD2	A/A	+	+	+	-	K/A	-	-	-	-	-	-	+	-	Escherichia coli inactiva
037XLD1	A/A	+	+	+	+	K/K	+	-	-	-	+	-	+	-	Hafnia alvei
037XLD2	A/A	+	+	+	+	K/N	-	-	+	-	+	-	+	-	Enterobacter cloacae
037XLD3	A/A	+	+	+	+	K/N	-	-	+	-	+	+	+	-	Citrobacter amalonaticus
038XLD1	A/A	+	+	+	+	K/A	-	-	+	+	+	-	+	-	Enterobacter cloacae
038XLD2	AK/A	+	-	-	-	K/K	+	-	+	-	-	-	-	-	Klebsiella pneumoniae sub. ozaenae
039XLD1	A/A	+	+	+	+	K/K	+	-	+	+	-	-	-	-	Klebsiella pneumoniae sub. pneumoniae
040XLD1	A/A	+	+	+	-	K/A	-	-	-	-	-	-	+	-	Escherichia coli inactiva
041XLD1	AK/A	+	-	-	+	K/N	-	-	-	-	-	+	-	-	Providencia rettgeri*
041XLD2	AK/A	+	+	-	+	K/N	-	-	+	+	-	-	-	-	Citrobacter freundii
042XLD1	AK/AK	-	-	-	-	K/N	-	-	-	-	-	-	-	-	Pseudomonas aeruginosa
042XLD2	AK/AK	-	-	-	-	K/N	-	-	-	-	-	-	-	-	Pseudomonas aeruginosa
043XLD1	AK/AK	-	-	-	-	K/K	+	-	+	-	+	-	+	-	Alcaligenes faecalis
044XLD1	A/A	+	-	+	-	K/K	+	-	+	-	+	+	-	+	Aeromonas hydrophila
044XLD2	A/A	+	+	+	-	K/A	-	-	-	-	+	+	-	+	Aeromonas hydrophila
045XLD1	AK/A	+	+	-	+	K/K	+	-	-	-	+	-	+	+	Salmonella choleraesuis sub. arizonae
046XLD1	A/A	+	+	-	+	K/K	+	-	+	-	+	-	+	+	Salmonella choleraesuis sub. arizonae
047XLD1	A/A	+	+	+	+	K/N	-	-	+	-	+	-	+	+	Citrobacter freundii
047XLD2	A/A	+	+	+	+	K/A	-	-	+	-	+	+	-	+	Aeromonas hydrophila
048XLD1	A/A	+	+	+	-	K/A	-	-	-	-	-	-	-	-	Escherichia coli inactiva
048XLD2	AK/AK	-	-	-	-	K/K	+	-	+	-	+	-	+	-	Alcaligenes faecalis
049XLD1	AK/AK	-	-	-	-	K/N	-	-	-	-	-	-	-	-	Pseudomonas aeruginosa
049XLD2	A/A	+	-	+	-	R/K	+	+	+	+	+	+	-	+	Proteus vulgaris
050XLD1	AK/A	+	-	-	+	K/K	+	-	-	-	+	-	+	-	Hafnia alvei*
050XLD2	AK/A	+	-	-	+	K/K	+	-	+	-	+	-	+	-	Hafinia alvei*
051XLD1	A/A	+	+	-	+	K/N	-	-	-	-	+	-	+	+	Citrobacter braakii*
052XLD1	A/A	+	+	+	+	K/K	+	-	+	+	+	-	+	+	Citrobacter freundii
052XLD2	A/A	+	+	+	-	K/N	-	-	+	+	+	-	+	-	Enterobacter cloacae
052XLD3	A/A	+	+	+	-	K/N	-	-	-	-	+	+	-	+	Aeromonas hydrophila

Tabla 6: Pruebas bioquímicas para bacterias Gram negativas (Continuación)

053XLD1	AK/AK	-	-	-	-	K/K	+	-	+	-	+	-	+	-	*Alcaligenes faecalis*
053XLD2	AK/AK	-	-	-	-	K/K	+	-	+	-	+	-	+	-	*Alcaligenes faecalis*
054XLD1	AK/AK	-	-	-	-	K/K	+	-	+	-	+	-	+	-	*Alcaligenes faecalis*
054XLD2	AK/AK	-	-	-	-	K/K	+	-	+	-	+	-	+	-	*Alcaligenes faecalis*

(+) Positivo

(-) Negativo

(d) Debil

(AK) Alcalino

(A) Acido

(N) Neutro

(K) Morado

(R) Rojo

8.3.6- Ensaio da catalase

O teste da catalase foi efectuado em bactérias Gram positivas cultivadas em ágar Chapman e ágar sangue. A maioria das estirpes era catalase positiva, o que indica que se trata de *Staphylococcus*, para além de ser confirmado pela coloração de Gram, e as negativas são *Streptococcus*, também confirmadas pela coloração de Gram. Um total de 157 estirpes foram cultivadas nestes ágares e testadas.
As estirpes negativas foram as seguintes: 004ACh1, 006ACh2, 007ACh3, 008ACh3, 019ACh3, 022ACh2, 022ACh3, 023ACh1, 047ACh2, 051ACh2, 006AS2, 011AS1, 018AS2, 019AS2, 028AS2, 029AS1, 041AS1, 049AS1 e 052AS1.

8.3.7- Teste da coagulase

Das 157 estirpes Gram-positivas, 138 eram *Staphylococcus* para as quais foi efectuado o teste da coagulase: 38 eram positivas (*Staphylococcus aureus*) e 100 eram negativas (*Staphylococcus* coagulase negativo) (Tabela 7).

Tabla 7: Resultados de la prueba de coagulasa:

001ACh1	-	026ACh2	-	044ACh2	+	013AS1	+	033AS1	-
001ACh2	-	026ACh3	+	044ACh3	-	014AS1	-	033AS2	-
001ACh3	-	027ACh1	-	047ACh1	-	014AS2	-	033AS3	+
002ACh1	-	028ACh1	+	050ACh1	-	015AS1	-	034AS1	+
002ACh2	-	028ACh2	-	050ACh2	-	016AS1	-	034AS2	+
003ACh1	+	029ACh1	-	051ACh1	-	016AS2	-	035AS1	+
003ACh2	-	029ACh2	-	053ACh1	-	016AS3	-	035AS2	-
003ACh3	-	029ACh3	+	053ACh2	-	017AS1	+	036AS1	-
005ACh1	-	030ACh1	-	001AS1	-	017AS2	+	036AS2	-
006ACh1	-	031ACh1	-	002AS1	-	018AS1	-	037AS1	-
007ACh1	+	031ACh2	-	002AS2	-	019AS1	-	037AS2	-
007ACh2	-	032ACh1	-	002AS3	-	021AS1	+	038AS1	+
008ACh1	+	032ACh2	-	003AS1	+	022AS1	+	039AS1	+
008ACh2	-	033ACh1	-	003AS2	+	022AS2	-	040AS1	-
009ACh1	-	035ACh1	-	004AS1	-	023AS1	+	040AS2	-
010ACh1	-	035ACh2	+	004AS2	-	024AS1	+	040AS3	+
011ACh1	-	036ACh1	+	005AS1	-	024AS2	-	041AS2	+
014ACh1	-	036ACh2	-	006AS1	-	025AS1	+	044AS1	+
014ACh2	-	036ACh3	-	007AS1	-	025AS2	+	044AS2	-
016ACh1	-	037ACh1	-	008AS1	+	026AS1	+	047AS1	-
017ACh1	-	037ACh2	-	008AS2	-	026AS2	-	047AS2	-
019ACh1	+	039ACh1	-	009AS1	+	027AS1	-	047AS3	-
019ACh2	-	040ACh1	-	009AS2	-	027AS2	-	048AS1	-
019ACh3	-	040ACh2	-	010AS1	-	028AS1	-	051AS1	-
022ACh1	+	041ACh1	-	010AS2	-	030AS1	-	053AS1	-
024ACh1	-	041ACh2	-	012AS1	-	030AS2	+	053AS2	+
025ACh1	-	042ACh1	-	012AS2	-	031AS1	+		
026ACh1	-	044ACh1	-	012AS3	-	032AS1	+		

(+) Positivo

(-) Negativo

8.3.8- Identificação de bactérias por meio do sistema Vitek

Vinte e nove estirpes foram identificadas utilizando o sistema automatizado de identificação microbiológica Vitek, obtendo-se os seguintes resultados: (Quadro 8).

Tabela 8: Identificação de bactérias através do sistema Vitek

CEPA:	BACTERIA:	% DE EXACTITUD:
002AM2	*Pantoea agglomerans*	99
004AM1	*Salmonella* species	94
018AM1	*Pseudomonas aeruginosa*	99
031AM2	*Acinetobacter lwoffii / junii*	99
032AM2	*Cedecea lapagei*	71
036AM2	*Enterobacter cancerogenus*	82
050AM2	*Salmonella* species	60
053AM2	*Acinetobacter lwoffii / junii*	99
053AM3	*Enterobacter amnigenus* biogrupo 2	99
054AM1	*Citrobacter braakii*	99
005VB2	*Shigella sonnei*	86
023VB1	*Citrobacter freundii*	99
026VB1	*Enterobacter amnigenus* biogrupo 2	99
028VB3	*Pseudomonas aeruginosa*	99
043VB2	*Citrobacter braakii*	99
044VB1	*Hafnia alvei*	94
050VB1	*Enterobacter amnigenus* biogrupo 2	97
052VB2	*Citrobacter braakii*	99
054VB2	*Pseudomonas aeruginosa*	99
001XLD2	*Pseudomonas aeruginosa*	99
002XLD1	*Pseudomonas aeruginosa*	99
026XLD1	*Pseudomonas aeruginosa*	99
027XLD1	*Pseudomonas aeruginosa*	99
031XLD2	*Pseudomonas aeruginosa*	99
032XLD2	*Pseudomonas aeruginosa*	99
041XLD1	*Providencia rettgeri*	99
050XLD1	*Hafnia alvei*	94
050XLD2	*Hafnia alvei*	96
051XLD1	*Citrobacter braakii*	99

8.3.9- Descrição dos géneros de bactérias encontrados

Género *Acinetobacter*
Bacilos Gram-negativos, aeróbios, formadores de pares e por vezes de cadeias, não formam esporos, a sua temperatura óptima é de 20-35°C, habitam naturalmente o solo e a água (Holt, *et al*, 1994).

Género *Aeromonas*
Bacilos rectilíneos Gram-negativos, podem ser encontrados isoladamente, aos pares ou em cadeias curtas, anaeróbios facultativos, temperatura óptima da maioria das espécies 37°C, habitam águas contaminadas e massas de água, algumas espécies são patogénicas para rãs, peixes e seres humanos (Holt, *et al*, 1994).

Género *Alkalese*
Bacilos, coccobacilos ou cocos Gram-negativos, aeróbios obrigatórios, temperatura óptima de 20 a 37°C, habitam a água e o solo, causam ocasionalmente infecções oportunistas nos seres humanos (Holt, *et al*, 1994).

Género *Cedecea*
Bacilos Gram-negativos, anaeróbios facultativos, temperatura óptima de 37°C, foram isolados de casos clínicos humanos, são um agente patogénico oportunista pouco frequente (Holt, *et al*, 1994).

Género *Citrobacter*
Bacilos rectais, encontrados individualmente ou aos pares, anaeróbios facultativos, temperatura óptima de 37°C, habitam as fezes humanas e animais, patogéneo oportunista frequente (Holt, *et al*, 1994).

Género *Edwardsiella*
Pequenos bacilos Gram-negativos, anaeróbios facultativos, rectilíneos, com uma temperatura óptima de 37°C, frequentemente isolados do intestino de animais de sangue frio e do seu ambiente, particularmente da água, são patogénicos para os peixes e outros animais (Holt, *et al*, 1994).

Género *Enterobacter*
Os bacilos rectilíneos Gram-negativos, anaeróbios facultativos, com uma temperatura óptima de 30 a 37°C, estão amplamente distribuídos na natureza, habitando a água, o solo, as plantas e as fezes humanas e animais. Muitas espécies (por exemplo, *Enterobacter cloacae*) são agentes patogénicos oportunistas que causam infecções do trato urinário, septicemia e meningite (Holt, *et al*, 1994).

Género *Escherichia*
Bacilos rectilíneos Gram-negativos encontrados individualmente ou aos pares, anaeróbios facultativos, temperatura óptima de 37°C, habitam naturalmente o intestino dos animais (Holt, *et al*, 1994).

Género *Hafnia*
Bacilos Gram-negativos, retos, anaeróbios facultativos, temperatura ótima de 30 a 37°C, habitam fezes humanas e animais, água, solo e produtos lácteos, são patógenos oportunistas (Holt, *et al*, 1994).

Género *Klebsiella*
Bacilos rectilíneos Gram-negativos, anaeróbios facultativos, temperatura óptima de 37°C, frequentemente isolados de casos clínicos humanos, tais como feridas, expetoração e sangue, são um agente patogénico oportunista pouco frequente (Holt, *et al*, 1994).

Género *Pantoea*

Gram-negativos, anaeróbios facultativos, temperatura óptima de 30°C, isolados de plantas, água, solo, feridas humanas e animais, sangue e urina (Holt, *et al*, 1994).

Género *Proteus*

Bacilos rectilíneos Gram-negativos, anaeróbios facultativos, temperatura óptima de 37°C, habitam o intestino dos seres humanos e de uma grande variedade de animais, habitam também o solo e a água contaminados, são patogénicos para os seres humanos (Holt, *et al*, 1994).

Género *Providência*

Bacilos rectilíneos Gram-negativos, anaeróbios facultativos, temperatura óptima de 37°C, isolados de infecções do trato urinário, feridas e bacteriémias de seres humanos, são um agente patogénico dos seres humanos (Holt, *et al*, 1994).

Género *Pseudomonas*

Os bacilos Gram-negativos, aeróbicos e curvos, rectos e delgados, estão amplamente distribuídos na natureza e algumas espécies são patogénicas para os seres humanos, animais e plantas (Holt, *et al*, 1994).

Género *Salmonella*

Gram-negativos, anaeróbios facultativos, temperatura óptima de 37°C, habitam os seres humanos, animais de sangue quente e frio, alimentos e o ambiente, são patogénicos para os seres humanos e muitas espécies animais, causam febre tifoide, febre entérica, gastroenterite e septicemia (Holt, *et al,* 1994; Murray, *et al,* 1997).

Género *Serratia*

Gram-negativo, anaeróbio facultativo, temperatura óptima de 30 a 37°C, pode habitar seres humanos, solo, plantas, água e outros locais, *S. marcescens* é um agente patogénico oportunista nos seres humanos (Holt, *et al,* 1994).

Género *Shigella*

Bacilos do reto Os bacilos Gream negativos, anaeróbios facultativos, com uma temperatura óptima de 37°C, habitam o intestino dos seres humanos e de outros primatas, causando disenteria bacilar (Holt, *et al,* 1994).

Género *Staphylococcus*

Cocos Gram-positivos, encontrados individualmente, aos pares ou em grupos, anaeróbios facultativos, temperatura óptima 30-37°C, algumas espécies são patogénicas para os seres humanos e animais (Bustos, *et al,* 1984; Holt, *et al,* 1994).

Género *Streptococcus*

Cocos Gram-positivos, encontrados em pares ou cadeias, anaeróbios facultativos, temperatura óptima de 37°C, algumas espécies são patogénicas para os seres humanos e animais (Cervera e Vera, 1945; Holt, *et al,* 1994).

8.4- Lista de bactérias encontradas por espécie amostrada

Sceloporus serrifer cyanogenys
No total, foram isoladas 152 estirpes bacterianas desta espécie:
41 *Staphylococcus* coagulase negativo (26,9%), 19 *Citrobacter freundii* (12,5%), 13 *Pseudomonas aeruginosa* (8,5%), 12 *Staphylococcus aureus* (7,8%), 11 *Escherichia coli* inactivada (7,2%), 10 *Enterobacter cloacae* (6.5%), 8 *Salmonella choleraesuis* subespécie *arizonae* (5,2%), 7 *Klebsiella pneumoniae* subespécie *pneumoniae* (4,6%), 5 *Proteus mirabilis* (3,2%), 4 *Streptococcus spp.* (2,6%), 3 *Aeromonas hydrophila* (1,9%), 3 *Alcaligenes faecalis* (1.9%), 2 *Citrobacter braakii* (1,3%), 2 *Hafnia alvei* (1,3%), 2 *Klebsiella pneumoniae* subespécie *ozaenae* (1,3%), 1 *Citrobacter amalonaticus* (0,6%), 1 *Enterobacter amnigenus* biogroup 1 (0,6%), 1 *Enterobacter cancerogenus* (0.6%), 1 *Escherichia coli* (0,6%), 1 *Klebsiella oxytoca* (0,6%), 1 *Pantoea agglomerans* (0,6%), 1 *Salmonella spp.* (0,6%), 1 *Serratia marcescens* (0,6%), 1 *Serratia odorifera* (0,6%), 1 *Shigella sonnei* (0,6%).*Sceloporus olivaceus*
Foi isolado um total de 119 estirpes bacterianas desta espécie:
23 *Staphylococcus* coagulase negativa (19,3%), 20 *Salmonella choleraesuis* subespécie *arizonae* (16,8%), 16 *Pseudomonas aeruginosa* (13,4%), 13 *Staphylococcus aureus* (10.9%), 11 *Citrobacter freundii* (9,2%), 5 *Aeromonas hydrophila* (4,2%), 5 *Streptococcus spp.* (4,2%), 4 *Enterobacter cloacae* (3,3%), 4 *Escherichia coli* inactivada (3,3%), 4 *Proteus mirabilis* (3.3%), 3 *Klebsiella pneumoniae* subespécie *pneumoniae* (2,5%), 2 *Klebsiella pneumoniae* subespécie *ozaenae* (1,6%), 1 *Acinetobacter lwoffii/junii* (0,8%), 1 *Cedecea lapagei* (0,8%), 1 *Citrobacter braakii* (0.8%), 1 *Citrobacter koseri* (0,8%), 1 *Edwardsiella tarda* (0,8%), 1 *Enterobacter amnigenus* biogrupo 1 (0,8%), 1 *Hafnia alvei* (0,8%), 1 *Klebsiella oxytoca* (0,8%), 1 *Proteus vulgaris* (0,8%).
Gerrhonotus liocephalus infernalis
Cinquenta e sete estirpes bacterianas foram isoladas desta espécie:
12 *Staphylococcus* coagulase negativo (21%), 5 *Alcaligenes faecalis* (8,7%), 4 *Citrobacter freundii* (7%), 4 *Pseudomonas aeruginosa* (7%), 4 *Staphylococcus aureus* (7%), 3 *Enterobacter amnigenus* biogrupo 2 (5.2%), 3 *Enterobacter cloacae* (5,2%), 3 *Klebsiella pneumoniae* subespécie *pneumoniae* (5,2%), 3 *Salmonella choleraesuis* subespécie *arizonae* (5,2%), 2 *Escherichia coli* (3,5%), 2 *Escherichia coli* inactivada (3.5%), 2 *Hafnia alvei* (3,5%), 1 *Acinetobacter lwoffii / junii* (1,7%), 1 *Aeromonas hydrophila* (1,7%), 1 *Citrobacter braakii* (1,7%), 1 *Enterobacter amnigenus* biogroup 1 (1,7%), 1 *Klebsiella terrigena* (1.7%), 1 *Proteus mirabilis* (1,7%), 1 *Providencia rettgeri* (1,7%), 1 *Salmonella spp.* (1,7%), 1 *Serratia marcescens* (1,7%), 1 *Streptococcus spp.* (1,7%).*Sceloporus torcuatus binocularis*
Foram isoladas trinta estirpes bacterianas desta espécie:
8 *Staphylococcus* coagulase negativo (26,6%), 5 *Citrobacter freundii* (16,6%), 4 *Pseudomonas aeruginosa* (13,3%), 3 *Streptococcus spp.* (10%), 2 *Enterobacter cloacae* (6,6%), 2 *Escherichia coli* inativa (6.6%), 2 *Hafnia alvei* (6,6%), 2 *Salmonella choleraesuis* subespécie *arizonae* (6,6%), 1 *Klebsiella pneumoniae* subespécie *pneumoniae* (3,3%), 1 *Staphylococcus aureus* (3,3%).
Bufo nebulifer
Vinte e três estirpes bacterianas foram isoladas desta espécie:
6 *Staphylococcus* coagulase negativo (26%), 3 *Citrobacter freundii* (13%), 2 *Alcaligenes faecalis* (8,6%), 2 *Citrobacter amalonaticus* (8,6%), 2 *Enterobacter cloacae* (8,6%), 2 *Pseudomonas aeruginosa* (8.6%), 2 *Salmonella choleraesuis* subespécie *arizonae*

(8,6%), 1 *Aeromonas hydrophila* (4,3%), 1 *Escherichia coli* inactivada (4,3%), 1 *Staphylococcus aureus* (4,3%), 1 *Streptococcus spp.* (4,3%).

Eumeces brevirostris pineus

Doze estirpes bacterianas foram isoladas desta espécie:

4 *Pseudomonas aeruginosa* (33,3%), 2 *Klebsiella pneumoniae* subespécie *pneumoniae* (16,6%), 1 *Aeromonas hydrophila* (8,3%), 1 *Citrobacter amalonaticus* (8,3%), 1 *Enterobacter cloacae* (8,3%), 1 *Proteus vulgaris* (8,3%), 1 *Staphylococcus aureus* (8,3%), 1 *Streptococcus spp.* (8,3%).

Rhadinaea montana

Foram isoladas dez estirpes bacterianas desta espécie:

2 *Proteus mirabilis* (20%), 2 *Salmonella choleraesuis* subespécie *arizonae* (20%), 2 *Staphylococcus aureus* (20%), 2 *Staphylococcus* coagulase negativo (20%), 1 *Escherichia coli* inativa (10%), 1 *Proteus vulgaris* (10%).*Masticophis taeniatus girardi*

Foram isoladas nove estirpes bacterianas desta espécie:

2 *Staphylococcus* coagulase negativo (22,2%), 2 *Streptocuccus spp.* (22,2%), 1 *Enterobacter amnigenus* biogrupo 1 (11,1%), 1 *Escherichia coli* inactivada (11,1%), 1 *Klebsiella pneumoniae* subespécie *ozaenae* (11,1%), 1 *Pseudomonas aeruginosa* (11,1%), 1 *Staphylococcus aureus* (11,1%).

Salvadora grahamie lineata

Foram isoladas nove estirpes bacterianas desta espécie:

4 *Citrobacter freundii* (44,4%), 2 *Staphylococcus* coagulase negativo (22,2%), 1 *Providencia rettgeri* (11,1%), 1 *Staphylococcus aereus* (11,1%), 1 *Streptococcus spp.* (11,1%).

Aspidoscelis gularis

Foram isoladas oito estirpes bacterianas desta espécie:

3 *Salmonella choleraesuis* subespécie *arizonae* (37,5%), 2 *Citrobacter freundii* (25%), 2 *Staphylococcus aureus* (25%), 1 *Pseudomonas aeruginosa* (12,5%).

Sonora semiannulata semiannulata

Foram isoladas oito estirpes bacterianas desta espécie:

4 *Pseudomonas aeruginosa* (50%), 2 *Escherichia coli* inactivada (25%), 1 *Staphylococcus* coagulase negativo (12,5%), 1 *Streptococcus spp.* (12,5%).

Hyla miotympanum

Foram isoladas cinco estirpes bacterianas desta espécie:

2 *Pseudomonas aeruginosa* (40%), 1 *Citrobacter freundii* (20%), 1 *Klebsiella pneumoniae* subespécie *pneumoniae* (20%), 1 *Staphylococcus* coagulase-negativo (20%).*Scincella silvicola cuadaequinae*

Foram isoladas cinco estirpes bacterianas desta espécie:

2 *Escherichia coli* inactivada (40%), 1 *Alcaligenes faecalis* (20%), 1 *Pseudomonas aeruginosa* (20%), 1 *Staphylococcus* coagulase negativo (20%).

Tantilla rubra

Foram isoladas três estirpes bacterianas desta espécie:

1 *Klebsiella pneumoniae* subespécie *ozaenae* (33,3%), 1 *Pseudomonas aeruginosa* (33,3%), 1 *Staphylococcus* coagulase negativo (33,3%).

Isolamento total:

No total, foram isoladas 450 estirpes bacteriológicas, 293 Gram-negativas e 157 Gram-positivas:

100 *Staphylococcus* coagulase-negativos (22,2%), 53 *Pseudomonas aeruginosa* (11,7%), 49 *Citrobacter freundii* (10,8%), 40 *Salmonella choleraesuis* subespécie *arizonae* (8,8%), 38 *Staphylococcus aureus* (8,4%), 26 *Escherichia coli* inactivada

(5,7%), 22 *Enterobacter cloacae* (4.8%), 19 *Streptococcus spp.* (4,2%), 17 *Klebsiella pneumoniae* subespécie *pneumoniae* (3,7%), 12 *Proteus mirabilis* (2,6%), 11 *Aeromonas hydrophila* (2.4%), 11 *Alcaligenes faecalis* (2,4%), 7 *Hafnia alvei* (1,5%), 6 *Klebsiella pneumoniae* subespécie *ozaenae* (1,3%), 4 *Citrobacter amalonaticus* (0.8%), 4 *Citrobacter braakii* (0,8%), 4 *Enterobacter amnigenus* biogrupo 1 (0,8%), 3 *Enterobacter amnigenus* biogrupo 2 (0,6%), 3 *Escherichia coli* (0.6%), 3 *Proteus vulgaris* (0,6), 2 *Acinetobacter lwoffii / junni* (0,4%), 2 *Klebsiella oxytoca* (0,4%), 2 *Providencia rettgeri* (0,4%), 2 *Salmonella spp.* (0,4%), 2 *Serratia marcescens* (0,4%), 1 *Cedecea lapagei* (0,2%), 1 *Citrobacter koseri* (0,2%), 1 *Edwardsiella tarda* (0,2%), 1 *Enterobacter cancerogenus* (0,2%), 1 *Klebsiella terrigena* (0,2%), 1 *Pantoea agglomerans* (0,2%), 1 *Serratia odorifera* (0,2%), 1 *Shigella sonnei* (0,2%).

9- DISCUSSÃO

Sem dúvida, a bactéria mais importante do ponto de vista da saúde pública isolada da herpetofauna é a *Salmonella*, uma vez que foram relatados em muitas ocasiões casos de seres humanos infectados com este microrganismo devido ao contacto com um réptil ou anfíbio.

Dos 54 animais amostrados, *Salmonella* foi encontrada em 24 (44,4%), discordando de DeHamel *et al.*, (1981) que relatam que 83,6 a 93,7% dos répteis são portadores desta bactéria.

No caso das serpentes, das cinco amostradas, *a Salmonella* foi isolada em apenas uma (20%), e no caso dos lagartos, 21 (46,6%) dos 45 amostrados eram portadores desta bactéria. Em ambos os casos, os parâmetros estabelecidos por DeHamel *et al.* (1981) estão de acordo, pois relatam que 16 a 92% das serpentes e 36 a 77% dos lagartos são portadores *de Salmonella*.

Como mencionado acima, *a Salmonella* foi isolada de 20% das serpentes amostradas, em contraste com os 51% relatados por Onderka e Finlayson (1985).

Rhadinaea montana foi a serpente da qual foram isoladas duas Salmonellae, sendo ambas *S. choleraesuis* subespécie *arizonae*, em concordância com Onderka e Finlayson (1985) que afirmam que até 78,8% das Salmonellae isoladas de serpentes são *S. choleraesuis* subespécie *arizonae*.

Do mesmo modo, *a Salmonella* foi isolada em 46,6% dos lagartos, o que é muito próximo dos 48% encontrados por Onderka e Finlayson (1985).

Neste trabalho, foram isoladas 40 *Salmonella choleraesuis* subespécie *arizonae* e duas *Salmonella spp.* enquanto Frye (1991) isolou *Salmonella anatum*, *Salmonella chamaleon* e *Salmonella muenchen* de casos clínicos de répteis.

Aeromonas hydrophila foi isolada de quatro espécies de répteis e de uma espécie de anfíbio, confirmando os relatos de McCoy e Seidler (1973) de que foi isolada de peixes, répteis e anfíbios.

Citrobacter freundii, Enterobacter amnigenus biogroup 1, *Escherichia coli* inactivada, *Klebsiella pneumoniae* subespécie *ozaenae*, *Proteus mirabilis*, *Proteus vulgaris*, *Providencia rettgeri, Pseudomonas aeruginosa, Salmonella choleraesuis* subespécie *arizonae, Staphylococcus aereus, Staphylococcus* coagulase-negativo e *Streptococcus spp.* foram isolados de cobras, Contudo, Draper *et al.* (1981) também conseguiram isolar *Alcaligenes spp, Bacillus spp, Corynebacterium spp, Morganella morganii* e *Pseudomonas maltophila* da cloaca de cobras.

Em concordância com algumas bactérias encontradas neste trabalho, Goldstein *et al.* (1981) isolaram da cavidade oral de serpentes *Hafnia alvei*, *Klebsiella oxytoca*, *Pseudomonas aeruginosa, Salmonella spp, Shigella spp* e *Staphylococcus* coagulase negativa, mas também isolaram *Acinetobacter calcoaceticus* não presente nos isolados cloacais.

Citrobacter amalonaticus, Citrobacter freundii e *Klebsiella oxytoca*, também encontrados por Sheridan *et al.* (1987) na pele de cobra, foram isolados da cloaca, no entanto, ele também isolou *Achromobacter spp, Acinetobacter anitratus, Bacillus spp, Micrococcus luteus, Micrococcus roseus, Pseudomonas alcaligenes, Pseudomonas fluorescens, Pseudomonas maltophila, Pseudomonas stutzeri, Serratia liquefaciens, Staphylococcus epidermidis, Staphylococcus hominis, Staphylococcus saprophyticus* e *Streptococcus viridans.*

Gugnani *et al.* (1986) isolaram do intestino de osgas bactérias encontradas nesta tese, tais como *Citrobacter freundii, Edwardsiella tarda, Enterobacter spp, Escherichia coli, Klebsiella pneumoniae, Proteus spp, Salmonella spp, Serratia marcescens* e *Shigella sonnei.*

Foram isoladas onze *Aeromonas hydrophila* e uma *Edwardsiella tarda*, sendo estas bactérias também referidas por Holt et al. (1994) em animais de sangue frio.

Foram encontrados os géneros bacterianos *Serratia spp.* e *Enterobacter spp.* que Carter (1994) relata em salamandras, osgas e tartarugas. Quanto à *Salmonella*, Carter, para além de isolar *Salmonella choleraesuis* subespécie *arizonae*, também isola *S. saint paul* e *S. heidelberg*, que descreve como comuns em cobras e lagartos.

Pseudomonas aeruginosa foi a segunda bactéria mais frequentemente isolada, com 11,7%, o que está de acordo com Boyer (1995), que afirma que é uma das bactérias mais frequentemente isoladas de répteis. Também foram encontradas *Salmonella choleraesuis* subespécie *arizonae* e *Escherichia coli*, que Boyer (1995) relata como sendo mais comuns em cobras, lagartos e anfíbios que vivem em locais onde os humanos estão presentes, e neste trabalho duas *S. choleraesuis* subespécie *arizonae* e uma *E. coli* foram isoladas do sapo comum *Bufo nebulifer* (*Bufo nebulifer*). Boyer também isola *Aeromonas hydrophila, Enterobacter cloacae, Klebsiella oxytoca, Klebsiella pneumoniae, Proteus mirabilis, Proteus vulgaris* e *Serratia liquefaciens* de cobras e lagartos, só que esta última não coincide com as encontradas neste trabalho. Os resultados encontrados nesta tese estão de acordo com os publicados por Guillespie (1996) que afirma que *Salmonella spp., Pseudomonas spp.* e *Aeromonas spp.* são os microrganismos mais frequentemente isolados de répteis saudáveis.

Citrobacter freundii é também uma das bactérias mais representativas da herpetofauna, isolada nesta pesquisa em 10,8%, esta bactéria também é encontrada por Lazcano (1996) em osgas-leopardo, no entanto, ele também conseguiu isolar *Bacillus spp, Morganella morganii, Providencia stuartii, Pseudomonas fluorescens, Pseudomonas maltophila* e *Salmonella enteritidis.*

Entre os outros microrganismos isolados de anfíbios contam-se *Aeromonas hydrophila, Escherichia coli* e *Pseudomonas aeruginosa*, bactérias também isoladas por Wrigth (1996), embora este último também refira o género *Proteus.*

Arredondo (1998) concorda com este trabalho ao isolar as seguintes bactérias da cloaca de répteis e anfíbios de Nuevo León: *Citrobacter diversus* (atualmente *Citrobacter koseri*), *Citrobacter freundii, Escherichia coli, Enterobacter agglomerans* (atualmente *Pantoea agglomerans*), *Enterobacter cloacae, Enterobacter spp, Proteus vulgaris, Providencia spp., Salmonella spp., Serratia marcescens, Staphylococcus aureus* e *Staphylococcus spp.* No entanto, difere quando se isolam *Aeromonas caviae, Bacillus spp., Enterobacter gergoviae, Pseudomonas fluorescens* e *Pseudomonas cepacia.*

Pseudomonas aeruginosa e *Aeromonas hydrophila* foram frequentemente isoladas neste trabalho, com resultados semelhantes aos de Lawton (1999) que também as relatou em répteis e até as classificou como patogénicas para estes animais.

Williams (1999) isola *Aeromonas hydrophila, Citrobacter spp, Proteus spp* e *Salmonella spp* do intestino de anfíbios. Destes microrganismos, o género *Proteus* não foi encontrado em anfíbios nesta investigação, mas foi encontrado em répteis. Williams também isolou *Flavobacterium spp.* que não foi encontrado nesta tese.

A Hafnia alvei foi isolada um total de sete vezes (1,5 %), previamente relatado por Okada e Gordon (2003), que a registaram em répteis e anfíbios.

Neste trabalho, foram encontradas duas espécies de bactérias não referidas na herpetofauna, *Cedecea lapagei* e *Citrobacter braakii*, todas identificadas pelo sistema Vitek. No caso da *Cedecea lapagei* apenas uma (0,22%) foi encontrada num *Sceloporus olivaceus*, e no caso da *Citrobacter brakii* foram encontradas quatro (0,88%), duas em *Sceloporus serrifer cyanogenys*, uma em *Sceloporus olivaceus* e uma em *Gerrhonotus liocephalus infernalis*.
Relativamente à herpetofauna do Parque Ecológico de Chipinque, todas as espécies amostradas neste trabalho foram reportadas por Banda (2002).

10-CONCLUSÕES

Um total de 54 répteis e anfíbios de 14 espécies diferentes foram amostrados para avaliação física e amostragem cloacal para isolamento bacteriano. Apenas doze espécimes foram encontrados com danos físicos, o que permite concluir que, em geral, a herpetofauna do Parque Ecológico de Chipinque se encontra em bom estado físico.
As amostras cloacais foram semeadas em vários caldos e ágares, a fim de identificar as bactérias encontradas nestes animais.
No total, foram isoladas 450 estirpes bacterianas, 293 Gram-negativas e 157 Gram-positivas. A maioria das espécies bacterianas são habitantes normais da herpetofauna, sendo algumas delas encontradas em ambientes húmidos e aquáticos.
Foram isoladas algumas bactérias consideradas como possíveis agentes patogénicos para os seres humanos, principalmente *Salmonella* que, apesar de ter sido encontrada em 9,3%, se situa num intervalo muito inferior ao registado na herpetofauna mantida em cativeiro.
Assim, conclui-se que, embora o Parque Ecológico de Chipinque receba visitantes diariamente, o seu impacto no ambiente é mínimo, pelo menos do ponto de vista da utilização da herpetofauna como instrumento de diagnóstico para este fim.
De um modo geral, a saúde do habitat é adequada, uma vez que os répteis e anfíbios do Parque Ecológico de Chipinque se encontram em bom estado corporal e existe pouco risco de serem potenciais transmissores de zoonoses bacterianas, uma vez que as bactérias cloacais que podem causar infeção no homem se encontram em menor quantidade do que nos répteis e anfíbios que habitam zonas com maior presença humana ou em cativeiro.

11-RECOMENDAÇÕES

1- Amostragem para análise bacteriológica de um maior número de espécimes (répteis e anfíbios) do Parque Ecológico de Chipinque, de forma a abranger mais grupos herpetológicos e outras áreas do parque.
2- Avaliar mais detalhadamente o estado físico da herpetofauna, tendo em conta outros factores como a temperatura do exemplar ou a presença de ectoparasitas.
3- Efetuar o isolamento e a identificação bacteriológica utilizando mais testes bioquímicos e aumentar o número de estirpes identificadas utilizando o sistema Vitek.
4- Estabelecer os parâmetros de saúde do habitat do Parque Ecológico de Chipinque a partir de outras perspectivas, quer através da utilização da herpetofauna, quer de outros grupos animais e/ou vegetais.

12-BIBLIOGRAFIA

Altman R, Gorman JC, Bernhardt LL. Salmonelose associada a tartarugas. II. A relação das tartarugas de estimação com a salmonelose em crianças em Nova Jersey. *Am J Epidemiol*. 95:6; 518. 1972.

Arredondo Cuevas DC. Tese de licenciatura: Contribuição para o conhecimento da bacterioflora detectada na herpetofauna recolhida em diferentes localizações geográficas do Estado de Nuevo León. FCB-UANL. março de 1998.

Banda Leal J. Tese de licenciatura: Aspectos ecológicos da herpetofauna do Parque Ecológico Chipinque, localizado nos municípios de Garza García, Nuevo León, México. FCB-UANL. junho de 2002.

Boyer TH. Microbiologia clínica de répteis. In: Small Animal Veterinary Therapeutics. Bonagura JD. Décima segunda edição. Interamericana McGraw-Hill. 1995.

Bryan AH, Bryan CA, Bryan CG. Bacteriologia. Sexta edição. Editorial CECSA. 1971. Bustos AC, Tay J, Del Muro R. Noções Elementares de Microbiologia Médica. Segunda edição. Editorial Méndez Cervantes. 1984.

Cambre RC, Green DE, Smith EE. Salmonellosis and arizonosis in the reptile collection at the National Zoological Park. *JAVMA* 9:800. 1980.

Carter GR, Chengappa MM. Bacteriologia e micologia veterinárias. Aspectos essenciais. Segunda edição. Manual Moderno. 1994.

Cervera E., Vera P. Manual de Microbiología. Editorial Colonial. 1945.

Chiodini RJ, Saundberg JP. Salmonelose em répteis: uma revisão. *Am J Epidemiol* 113:494. 1981.

Cohen ML, Potter M, Pollard R. Turtle-associated salmonellosis in the United States. Efeito na ação de saúde pública, 1970-1976. *JAVMA* 243:12; 1247. 1980.

Cooper JE. The significance of bacterial isolates from reptiles, em Reptiles: Breeding, Behaviour and Veterinary Aspects, de Townson S. e Lawrence K. British herpetological Society, Londres. 1985.

D'Aoust JY, Lior H. Pet turtle regulations and abatement of human salmonellosis (Regulamentos sobre tartarugas de estimação e redução da salmonelose humana). *Can J Public Health*. 69:107. 1978.

Deem SL, Karesh WB, Uhart MM. Saúde da vida selvagem em reintroduções. O bom, o mau e o evitável. V Congresso Internacional sobre Manejo da Vida Silvestre na Amazônia e América Latina. Critérios de Sustentabilidade. setembro de 2001.

DeHamel FA, McInnes HM. Lizards as vetor of human salmonellosis. *J Hyg Cambridge*. 60:247. 1971.

Draper CS, Walker RD, Lawler HE. Patterns of oral bacterial infection in captive snakes (Padrões de infeção bacteriana oral em serpentes em cativeiro). *JAVMA*, 179:11;1223-1226. 1981.

Frye FL. Doenças infecciosas. Doenças fúngicas por actinomicetos, bacterianas, rickettsiais e virais. Em Biomedical and Surgical Aspects of Captive Reptile Husbandry (Aspectos biomédicos e cirúrgicos da criação de répteis em cativeiro). Melbourn, FL, Krieger Publishing, pp 101-160. 1991.

Gillespie D. Répteis. In: Clinical Manual of Small Species. Birchard, Sherding. Volume 2. McGraw Hill-Interamericana. 1996.

Goldstein EJ, Agyare EO, Vagvolgyi AE, Halpern M. Aerobic bacterial oral flora of garter snakes: development of normal flora and pathogenic potential for snakes amd humans. *J Clin Microbiol* 13:5;954-956. 1981.

Gugnani HC, Oguike JU, Sakazaki R. Salmonellae e outras bactérias enteropatogénicas nos intestinos de osgas de parede na Nigéria. *Antonie Van Leeuwenhoek* 52:2;117-120. 1986.

Holt JG, Krieg NR, Sneath PH, Staley JT, Williams ST. Bergey's Manual of Determinative Bacteriology (Manual de Bacteriologia Determinativa de Bergey). Nona edição. Williams & Wilkins. 1994.

Johnson-Delaney CA. Zoonoses de répteis e ameaças à saúde pública. Em: Medicina e Cirurgia de Répteis. Maeder. Saunders. 1996.

Joklik WK, Willet HP, Amos DB. Zinsser Microbiology. Décima sétima edição. Editorial Panamericana. 1983.

Kaufmann AF, Fox MD, Morris GK. Salmonelose associada a tartarugas. III. Os efeitos das salmonelas ambientais em viveiros comerciais de criação de tartarugas. *Am J Epidemiol*. 95:6; 521. 1972.

Lamm SH, Taylor A, Gangarosa EJ. Salmonelose associada a tartarugas. I. Uma estimativa da magnitude do problema nos Estados Unidos, 1970-1971. *Am J Epidemiol* 95:6;511. 1972.

Lawton M. Reptiles: Part 2: Lizards and snakes (Répteis: Parte 2: Lagartos e cobras). In: Handbook of Exotic Animals. Beynon PH, Cooper JE. Coleção BSAVA. S. Editions. 1999.

Lazcano-Villarreal D., Garza-Fernández H. Bacterial flora present in skin, mouth and cloaca of the Leopard Gecko (*Eublepharis macularis*, Blyth, 1854). *J International Gecko Society*. 3:1;29-35. 1996.

MacFaddin. Biochemical Tests for the Identification of Clinically Important Bacteria (Testes bioquímicos para a identificação de bactérias clinicamente importantes). Terceira edição. Editorial Médica Panamericana. 2003.

McCoy RH, Seidler RJ. Potenciais agentes patogénicos no ambiente. *Appl microbiol* 25:4;534. 1973.

Merchant IA, Packer RA. Veterinary Bacteriology and Virology (Bacteriologia e Virologia Veterinárias). Terceira edição. Editorial Acribia. 1975.

Murray PR, Kobayashi GS, Pfaller MA, Rosenthal KS. Medical Microbiology. Segunda edição. Harcourt Brace Publishers. 1997.

Okada S, Gordon DM. Genetic and Ecological Structure of *Hafnia alvei* in Australia (Estrutura genética e ecológica de *Hafnia alvei* na Austrália). *Systematic and Applied Microbiol.* 26:4;585. 2003.

Onderka DK, Finlayson MC. Salmonellae e salmonelose em répteis em cativeiro. *Can J Comp Med* 49:3; 268. 1985.

Pelczar MJ, Reid RD, Chan EC. Microbiology. Quarta edição. McGraw-Hill Publishers. 1982.

Rosenthal KL, Maeder DR. Microbiologia. In: Reptile Medicine and Surgery. Maeder. Saunders. 1996.

Sanyal D., Douglas T., Roberts R. Infeção por Salmonella adquirida de animais de estimação répteis. *Arch. Dis. Child.*; 77:4:345-6. 1997.

Sheridan BS, Wilson GS, Weldon PJ. Bactérias aeróbicas da pele da cascavel, *Crotalus atrox. J Herpetol.* 23:2; 200-202. 1987.

Suazo-Ortuño I., Alvarado-Díaz J. Amphibians: Sentinels of biodiversity. *Ciência e Desenvolvimento*; 30:178. setembro - outubro de 2004.

Varela N. Exame clínico de répteis. Boletim do GEAS, Volume III, Número I. 2002.

Williams DL. Anfíbios. In: Handbook of Exotic Animals. Beynon PH, Cooper JE, Coleção BSAVA, S. Editions. 1999.

Woodward DL, Khakhria R, Johnson WM. Salmonelose humana associada a animais de estimação exóticos. *J Clin Microbiol*;35:11:2786-90. 1997.

Wright KM. Criação e medicina de anfíbios. In: Reptile Medicine and Surgery. Maeder. Saunders. 1996.

13-APÊNDICES

13.1- Apêndice 1: Modo de ação dos caldos, ágares e reagentes bacteriológicos

MEIO DE TRANSPORTE BACTERIOLÓGICO DE STUART:
Função: Meio utilizado para o transporte de amostras a partir das quais se pretende efetuar o isolamento bacteriológico.
Preparação: Suspender 19 g de meio em 1 litro de água destilada, deixar repousar 15 min, ferver até dissolver, embalar em tubos, autoclavar 15 min a 12°C. pH final 7,4 + 0,2 a 22°C.
Componentes (gr/lt): Glicerofosfato de sódio 10,0, Tioglicolato de sódio 1,0, Cloreto de cálcio 0,1, Azul de metileno 0,002, Ágar-ágar 8,0 (Figura 26).

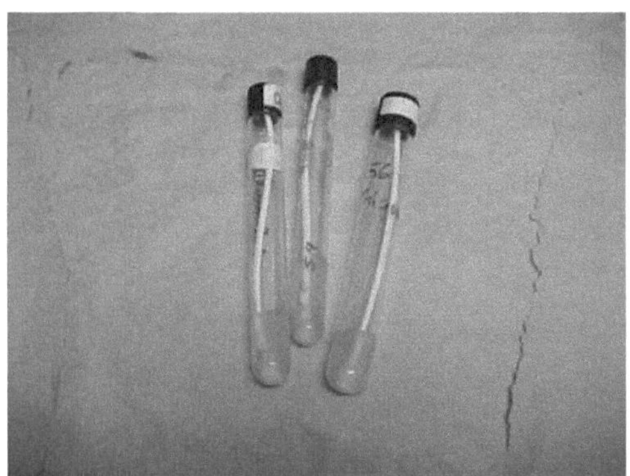
Figura 26: Meio de transporte bacteriológico de Stuart.

CALDO DE LACTOSE (DESIDRATADO):
Função: Para a cultura de *Salmonella* e organismos coliformes da água, alimentos, produtos farmacêuticos e produtos lácteos.
Modo de ação: A utilização da lactose é demonstrada pela produção de gás.
Preparação: Suspender 13 g em 1 litro de água destilada e aquecer até dissolver, distribuir em tubos, esterilizar a 121°C durante 15 min. pH final: 6,9 + 0,2 a 25°C.
Constituintes (gr/lt): Extrato de carne 3.0, Peptona 5.0, Lactose 5.0.
Interpretação: O crescimento bacteriano produz turvação do caldo (Figura 27).
CALDO DE SELENITO:
Função: Base para meio de enriquecimento para isolamento de *Salmonella*. Higroscópico.
Modo de ação: O selenito inibe o crescimento de bactérias coliformes e enterococos intestinais, principalmente nas primeiras 6 e até 12 horas de incubação. *A Salmonella, Proteus* e *Pseudomonas* não são suprimidas.
Preparação: Suspender 23 g em 1 litro de água destilada, aquecer até à ebulição, evitar o sobreaquecimento, não autoclavar. pH final: 7,0 + 0,2.

Componentes (gr/lt): Caseína digerida pelo pâncreas 5,0, Lactose 4,0, Selenito de sódio 4,0, Fosfato de sódio 10,0. Ajustar e/ou suplementar para satisfazer os critérios de desempenho.
Interpretação: O crescimento bacteriano produz turvação do caldo (Figura 27).
BASE DE CALDO DE TETRATIONATO:
Função: Meio de enriquecimento seletivo para o isolamento de *Salmonella* a partir de fezes, urina e outros materiais de interesse para a saúde.
Como funciona: A partir do tiossulfato, o tetrationato é produzido no meio de cultura através da adição de iodo. O tetrationato suprime o crescimento de coliformes e de outras bactérias intestinais. *A Salmonella*, o *Proteus* e outros germes reduzem o tetrationato e, por conseguinte, não são inibidos.
Preparação: Suspender 49 g em 1 litro de água destilada, aquecer até à ebulição, distribuir em tubos de ensaio, se for para utilizar no mesmo dia, adicionar 20 ml de solução de iodo-iodo; caso contrário, adicionar proporcionalmente a quantidade de solução de iodo-iodo à quantidade de meio a utilizar no mesmo dia.
Componentes (gr/lt): Mistura de peptonas 5.0, Sais biliares 1.0, Carbonato de cálcio 10.0, Tiossulfato de sódio 30.0.
Interpretação: O crescimento bacteriano produz turvação do caldo (Figura 27).

Figura 27: Caldos bacteriológicos.

AGAR CHAPMAN (Estafilococo n.º 110):
Função: Seletivo para Staphylococcus.
Modo de ação: Os microrganismos com tolerância ao sal comum, como os Staphylococcus, desenvolvem-se neste meio.
Preparação: Dissolver 146 g em 1 litro de água destilada, aquecer num banho de água a ferver ou num fluxo de vapor, autoclavar 15 min a 121°C. pH final: 7,0 + 0,2 a 25°C.
Componentes (gr/lt): Peptona de caseína 10.0, Extrato de levedura 2.5, Hidrogenofosfato dipotássico 5.0, Gelatina 30.0, Lactose 2.0, D(-)Manitol 10.0, Cloreto de sódio 75.0, Ágar-ágar 12.0.
Interpretação: As colónias formadoras de pigmentos têm uma cor amarela dourada e as colónias não pigmentadas têm uma cor branca (Figura 28).

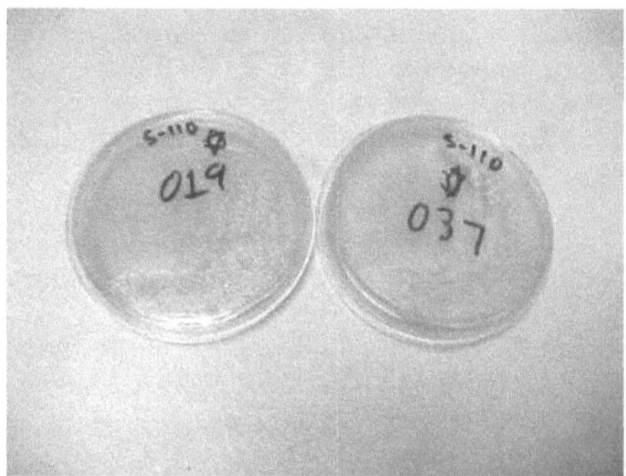

Figura 28: Ágar Chapman.

ÁGAR À BASE DE SANGUE:

Função: Para o isolamento de uma grande variedade de microrganismos, incluindo microrganismos fastidiosos (difíceis). Higroscópico.

Modo de ação: A sua base nutritiva abundante proporciona condições de crescimento óptimas para todos os microrganismos presentes. O seu valor de pH (6,8) é favorável à conservação dos eritrócitos e à formação de halos de hemólise nítidos. É muito útil para o crescimento de *Streptococcus* e para a observação da hemólise que produzem.

Preparação: Suspender 40 g em 1 litro de água destilada, misturar bem, aquecer com agitação frequente e ferver durante um minuto para dissolver completamente o pó, autoclavar 15 min a 121°C, adicionar assepticamente 5% de sangue desfibrinado estéril ao meio que foi arrefecido a 45-50°C. pH final: 6,8 + 0,2.

Componentes (gr/lt): digestão de coração de bovino 10,0, digestão de caseína pancreática 8,0, proteose peptona n.º 3 2,0, cloreto de sódio 5,0, ágar 15,0.

Interpretação: Pode observar-se uma hemólise alfa, em que os glóbulos vermelhos estão parcialmente hemolisados, e uma hemólise beta, em que há uma lise completa dos glóbulos vermelhos (Pelczar, *et al*, 1982) (Figura 29).

Figura 29: Ágar sangue.

ÁGAR MacCONKEY:

Função: Ágar seletivo para o isolamento de *Salmonella*, *Shigella* e bactérias coliformes de fezes, urina, alimentos ou esgotos.
Modo de ação: Os sais biliares e a violeta de cristal inibem as bactérias Gram-positivas.
Preparação: Dissolver 50 g em 1 litro de água destilada por aquecimento num banho de água a ferver ou num banho de vapor, autoclavar 15 min a 121°C. pH final: 7,1 + 0,2 a 25°C.
Componentes (gr/lt): Peptona de caseína 17,0, Peptona de carne 3,0, Cloreto de sódio 5,0, Lactose 10,0, Mistura de sais biliares 1,5, Vermelho neutro 0,03, Violeta cristal 0,001, Ágar-ágar 13,5.
Interpretação: As colónias lactose-negativas são incolores (não fermentativas) e as colónias lactose-positivas são vermelhas (fermentativas) com uma auréola turva devido à queda do pH causada pelos ácidos biliares (Figura 30).

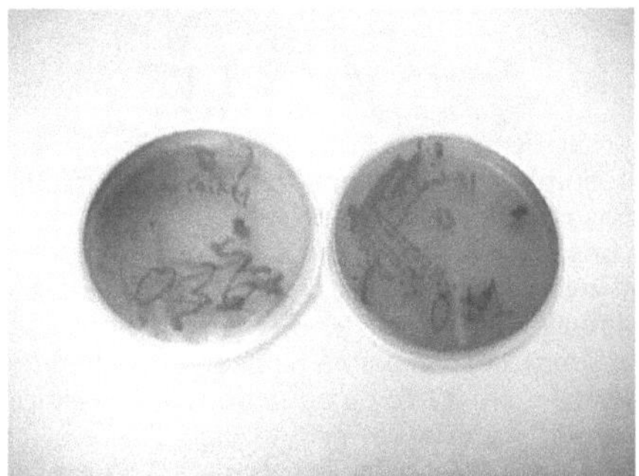

Figura 30: Ágar MacConkey.

ÁGAR BPLS (USP) VERDE BRILHANTE VERMELHO FENOL VERMELHO LACTOSE SACAROSE:
Função: Ágar seletivo para o isolamento de *Salmonella* a partir de fezes, urina e alimentos (Bryan, *et al*, 1971).
Modo de ação: Brilliant Green impede o crescimento da bactéria *Salmonella*.
Preparação: Suspender 51 g em 1 litro de água destilada, aquecer num banho de água a ferver ou num fluxo de vapor, autoclavar 15 min a 121°C, verter em placas. pH final: 6,9 + 0,2 a 25°C.
Componentes (gr/lt): Peptona de caseína 5.0, Peptona de carne digerida com pepsina 5.0, Extrato de levedura 3.0, Cloreto de sódio 5.0, Lactose 10.0, Sacarose 10.0, Vermelho de fenol 0.08, Verde brilhante 0.0125, Ágar-ágar 13.0.
Interpretação: As colónias vermelhas ou cor-de-rosa são lactose-negativas (não fermentam) e as colónias verde-amareladas são lactose-positivas (fermentam) (Figura 31).

Figura 31: Ágar Verde Brilhante.

ÁGAR XILOSE LISINA DESOXICOLATO:

Função: Para o isolamento e a diferenciação de Enterobacteriaceae patogénicas, especialmente *Shigella* e *Salmonella*.

Modo de ação: A degradação ácida da xilose, da lactose e da sacarose provoca a coloração amarela do vermelho de fenol.

Preparação: Dissolver 55 g em 1 litro de água destilada por aquecimento num banho de água a ferver ou num fluxo de vapor, não autoclavar, os precipitados ocasionais não prejudicam a eficácia do meio. pH final: 7,4 + 0,2 a 25°C.

Componentes (gr/lt): Extrato de levedura 3,0, cloreto de sódio 5,0, D(+)-xilose 3,5, lactose 7,5, sacarose 7,5, L(+)-lisina 5,0, desoxicolato de sódio 2,5, tiossulfato de sódio 6,8, ferro (III) e citrato de amónio 0,8, vermelho de fenol 0,08, ágar-ágar 13,5.

Interpretação: Colónias vermelhas (alcalinas, não fermentadoras), colónias amarelas (ácidas, fermentadoras) (figura 32).

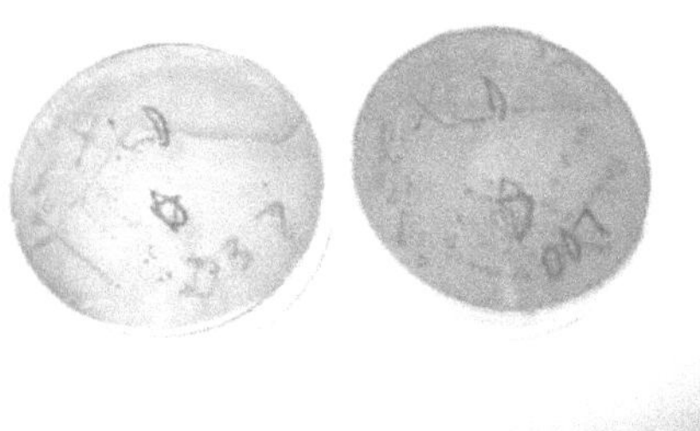

Figura 32: Ágar Xilose Lisina Desoxicolato.

INFUSÃO DE CORAÇÃO CEREBRAL:

Função: Para o cultivo de vários microrganismos patogénicos exigentes.

Modo de ação: É um meio nutritivo adequado para o cultivo de muitas bactérias exigentes.

Preparação: Dissolver 37 g em 1 litro de água destilada, colocar em recipientes mais pequenos, autoclavar 15 min a 121°C. pH final: 7,4 + 0,2 a 25°C.
Componentes (gr/lt): Substrato alimentar (extrato de cérebro, extrato de coração e peptona) 27,5, D(+)-glucose 2,0, cloreto de sódio 5,0, hidrogenofosfato dissódico 2,5.
Interpretação: O crescimento bacteriano resulta na turvação do meio (Figura 33).

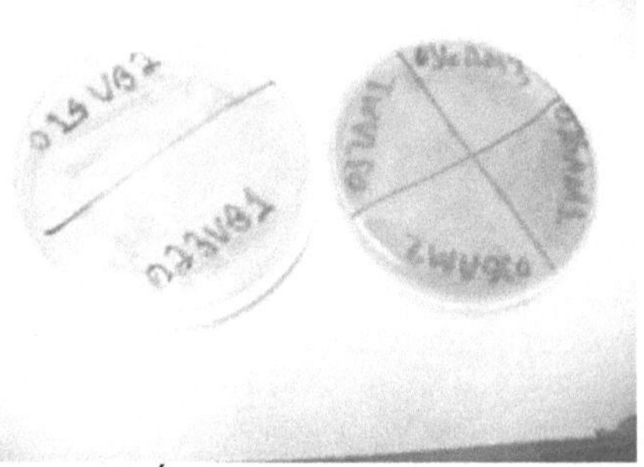

Figura 33: Ágar de infusão cérebro-coração.

ÁGAR BACTERIOLÓGICO:
Função: Utilizado na preparação de meios de cultura microbiológicos sólidos e semi-sólidos. Também pode ser utilizado em concentrações mais baixas como retardador da penetração de oxigénio em meios líquidos. Altamente higroscópico.
Caraterísticas: Ponto de gelificação 32-39°C, Ponto de fusão 80-88°C, Perda na secagem 6-12%, Resíduo na ignição 3,5-6,5%, Força do gel 500-800 gr/cm2 .
GRAM STAIN:
Função: Distinguir entre bactérias Gram-negativas e Gram-positivas.
Modo de ação: As bactérias Gram-positivas, devido às caraterísticas da sua parede celular, retêm melhor o corante inicial, geralmente violeta cristal, que é aplicado durante um minuto; esta retenção é reforçada com iodo-lugol, também aplicado durante um minuto; em seguida, adiciona-se álcool acetona durante 20 segundos para que as bactérias Gram-negativas se livrem do violeta cristal e, finalmente, administra-se safranina, que cora as Gram-negativas. Após cada coloração, o esfregaço é lavado.
Componentes: Violeta cristal, iodo de Lugol, álcool acetónico e safranina.
Interpretação: Bactérias coradas a azul: Gram positivas. Bactérias coradas a vermelho: Gram negativo (Joklik, *et al*, 1983) (Figura 34).

Figura 34: Coloração de Gram. Com a permissão de Q.B.P. Arnoldo Aguirre.

ÁGAR FERRO TRIPLO AÇÚCAR:
Função: Diferenciação e identificação de enterobactérias.
Modo de ação: A degradação dos açúcares, com formação de ácidos, manifesta-se por uma mudança de cor do indicador vermelho de fenol, de laranja-avermelhado para amarelo, ou por uma mudança para vermelho intenso em caso de alcalinização. O tiossulfato é reduzido por alguns germes a sulfureto de hidrogénio, que reage com o sal férrico para produzir sulfureto de ferro, preto.
Preparação: Reidratar 59,4 g de meio em 1 litro de água destilada, aquecer com agitação frequente até ao ponto de ebulição e dissolução completa, distribuir em tubos (1/3 do volume do tubo) e esterilizar durante 15 minutos a 121°C e 15 lbs de pressão. pH final: 7,3 + 0,2.
Componentes (gr/lt): Ágar 13.0, Lactose 10.0, Peptona especial 20.0, Cloreto de sódio 5.0, Dextrose 1.0, Vermelho de fenol 0.025, Sulfato de ferro e amónio 0.2, Tiossulfato de sódio 0.2, Sacarose 10.0.
Interpretação: AK/A: Alcalino sobre ácido (topo vermelho, fundo amarelo), AK/AK: Alcalino sobre alcalino (todo o meio vermelho), A/A: Ácido sobre ácido (todo o meio amarelo) e A/AK: Ácido sobre alcalino (topo amarelo, fundo vermelho) (Figura 35).

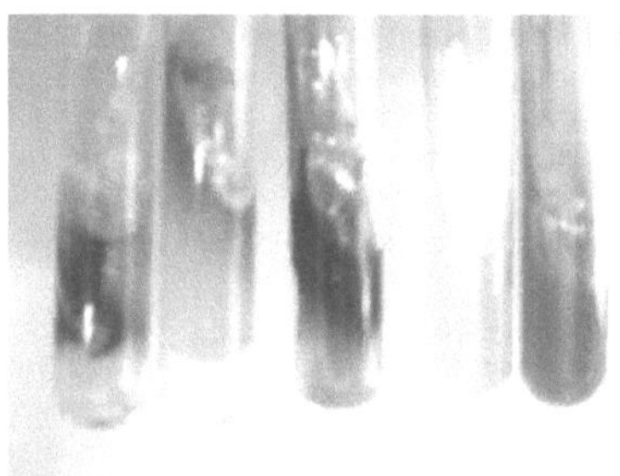

Figura 35: Ágar Ferro Triplo Açúcar.

ÁGAR LISINA-FERRO:
Função: Diferenciação precoce de *Salmonella* e *Arizona*.
Modo de ação: A lisina pode ser descarboxilada por microrganismos LD-positivos, que a transformam na amina cadaverina. O indicador de pH púrpura de bromocresol torna-

se assim violeta. Uma vez que a descarboxilação só tem lugar em meios ácidos (pH inferior a 6,0), é necessário que a descarboxilação ocorra antes da acidificação do meio de cultura, através da fermentação da glucose. Os microrganismos LD-negativos, mas que fermentam a glucose, produzem uma deslocação amarela de todo o meio de cultura. As estirpes *de Proteus* desaminam a lisina em ácido alfa-acetocarbónico que, com sal de ferro e sob a influência do oxigénio, produz uma cor avermelhada na superfície do meio de cultura.

Preparação: Reidratar 33 g de meio em 1 litro de água destilada, aquecer com agitação frequente até à ebulição para dissolver completamente, distribuir e esterilizar a 121°C e 15 lbs de pressão durante 15 minutos. pH final: 6,7 + 0,2.

Componentes (gr/lt): Ágar 13,5, citrato férrico de amónio 0,5, dextrose 1,0, extrato de levedura 3,0, L-lisina 10,0, púrpura de bromocresol 0,04.

Interpretação: K/K: Púrpura sobre púrpura, K/N: Púrpura sobre neutro, K/A: Púrpura sobre amarelo, R/A: Vermelho sobre amarelo e A/A: Amarelo sobre amarelo (figura 36).

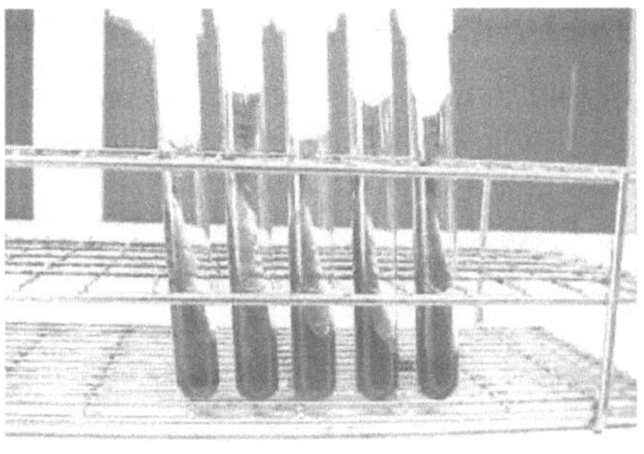

Figura 36: Ágar lisina-ferro.

CITRATO DE SIMMONS:
Função: Determinar se um microrganismo é capaz de utilizar citrato como única fonte de carbono para o metabolismo e o crescimento, com a alcalinidade resultante.

Modo de ação: A energia pode ser fornecida a algumas bactérias na ausência de fermentação ou produção de ácido lático, através da utilização de citrato como única fonte de carbono. Em condições normais, o metabolismo do citrato envolve uma condensação do acetilo com a coenzima A e o oxaloacetato para entrar no ciclo de Krebs.

O metabolismo do citrato pela maioria das bactérias é rápido através da via metabólica do ácido tricarboxílico ou da fermentação do citrato. Os microrganismos que possuem um mecanismo de transporte ou permease permitem que o citrato entre no interior da célula. Nas bactérias, a clivagem do citrato envolve um sistema enzimático sem a participação da coenzima A, a citratase (citrato oxaloacetato liase) ou a citrato demolase. A citratase necessita de um catião divalente para a sua atividade, o magnésio ou o manganês. O oxaloacetato (sal do ácido oxaloacético) e o acetato (sal do ácido acético) são os intermediários do metabolismo do citrato. Os produtos do metabolismo dos citratos dependem do pH do meio. A um pH alcalino, são produzidos mais acetato e formiato e a produção de lactato e CO2 diminui. A um pH ácido, os principais produtos do metabolismo do citrato são o acetilmetilcarbinol (acetoína) e o lactato. Independentemente dos produtos finais produzidos, o primeiro passo metabólico na fermentação do citrato produz piruvato. A degradação do piruvato depende então do pH do meio.

O meio para a fermentação de citratos contém também sais de amónio inorgânicos. Um microrganismo que pode utilizar o citrato como única fonte de carbono também utiliza sais de amónio como única fonte de azoto. Os sais de amónio (por exemplo, fosfato de amónio) são degradados em amoníaco (NH3), o que aumenta a alcalinidade. As bactérias extraem o azoto dos sais de amónio com a produção de amoníaco (NH3), o que leva à alcalinização do meio e à conversão de NH3 em hidróxido de amónio NH4OH.

A utilização de ácidos orgânicos e seus sais como fonte de carbono produz carbonatos e bicarbonatos alcalinos com subsequente degradação (MacFaddin, 2003).

Preparação: Dissolver 22,5 g em 1 litro de água destilada, aquecer num banho de água a ferver ou num fluxo de vapor, autoclavar durante 15 minutos a 121°C, preparar em tubos inclinados ou verter em placas. pH final: 6,6 + 0,2 a 25°C.

Componentes (gr/lt): Di-hidrogenofosfato de amónio 1,0, hidrogenofosfato dipotássico 1,0, cloreto de sódio 5,0, citrato de sódio 2,0, sulfato de magnésio 0,2, azul de bromotimol 0,08, ágar-ágar 13,0.

Interpretação: Positivo (+): crescimento com uma cor azul intensa no bico da flauta. Negativo (-): Sem crescimento e sem alteração da cor (verde) (MacFaddin, 2003) (Figura 37).

Figura 37: Citrato de Simmons.

MEIO DE CULTURA DE BASE UREA AGAR (De Christiansen):
Função: Teste da urease para diferenciação de bacilos entéricos.
Modo de ação: A ureia é hidrolisada pela enzima urease, originando dióxido de carbono e amoníaco. Este último provoca uma reação alcalina no meio, como se pode observar pela mudança de amarelo para vermelho-púrpura do indicador de pH vermelho de fenol.
Preparação: Rehidratar 29 g de meio em 1 litro de água destilada, esterilizar por filtração, rehidratar 15 g de ágar em 900 ml de água destilada durante 10 a 15 minutos, aquecer até à ebulição até o ágar estar completamente dissolvido, esterilizar a 121°C e 15 lbs de pressão durante 15 minutos, arrefecer até 50°C e adicionar a 100 ml de base com ureia estéril, misturar bem e distribuir em tubos estéreis, soldar numa posição inclinada para obter fundos profundos. O meio soldado deve ter uma cor amarela a rosa com um pH de 6,8 a 6,9. Não voltar a fundir o ágar-solda.

Componentes (g/lt): Cloreto de sódio 1,0, Dextrose 5,0, Fosfato monopotássico 2,0, Peptona de gelatina 1,0, Vermelho de fenol 0,012, Ureia 20,0.
Interpretação: Vermelho: Positivo, Amarelo: Negativo (Figura 38).

Figura 38: Ágar ureia.

MOTILIDADE DA INDOLE ORNITINA:
Função: Identificação de enterobactérias.
Modo de ação: O aminoácido L-ornitina é descarboxilado pela enzima ornitina descarboxilase para formar a diamina putrescina e dióxido de carbono (MacFaddin, 2003).
Preparação: Reidratar 31 g do meio em 1 litro de água destilada, aquecer com agitação até à ebulição para dissolver completamente, distribuir e autoclavar a 121°C e 15 lbs de pressão durante 15 min.
Componentes (gr/lt): Ágar 2.0, Dextrose 1.0, Gelatina peptona 10.0, Extrato de levedura 2.0, L-ornitina 5.0, Caseína peptona 10.5, Bromocresol purpura 0.02. pH final 6.5 + 0.2.
Interpretação: Ornitina: Púrpura: Positivo, Branco ou amarelo: Neutro. Motilidade: Turbidez em todo o tubo: Positivo, Turbidez no local de punção: Negativo (Figura 39).

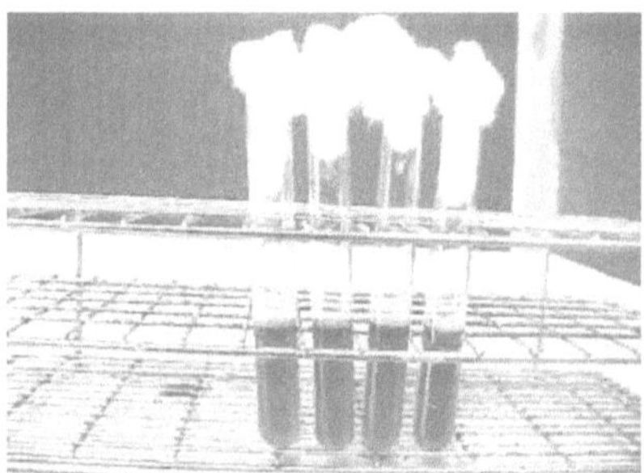
Figura 39: Ágar de motilidade indole-ornitina.

SULFURETO DE HIDROGÉNIO INDOLE MOTILIDADE:
Função: Meio de cultura para testar a formação de sulfureto, a produção de indol e a motilidade como parte do diagnóstico de enterobactérias.

Modo de ação: O triptofano é um aminoácido que é oxidado e forma três metabolitos: o indol, o skatole (metilindol) e o ácido indolacético.

Preparação: Dissolver 30 g em 1 litro de água destilada, aquecer num banho de água a ferver ou numa corrente de vapor, introduzir em tubos com cerca de 4 cm de altura, autoclavar 15 min a 121°C, deixar soldar em posição vertical. pH 7,3 + 0,2 a 25°C.

Componentes (gr/lt): peptona de caseína 20,0, peptona de carne 6,6, citrato de ferro (III) e de amónio 0,2, tiossulfato de sódio 0,2, ágar-ágar 3,0.

Interpretação: Enegrecimento médio: produção de sulfureto de hidrogénio, Claridade média: sem produção de sulfureto de hidrogénio (Figura 40).

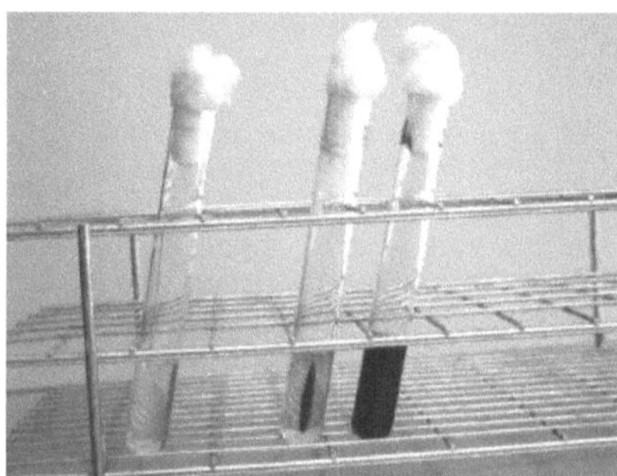
Figura 40: Ágar de motilidade de indole.

REAGENTE DE KOVACS:

Função: Determinar se o microrganismo é indole positivo ou negativo.

Modo de ação: O indole, quando presente, combina-se com a produção de cor na camada de álcool, formando uma cor vermelha.

Preparação: Dissolver o aldeído no álcool e adicionar lentamente o ácido à mistura aldeído-álcool.

Componentes: Álcool amílico ou isoamílico puro, ácido para-dimetil-aminobenzaldeído e ácido clorídrico concentrado.

Interpretação: Observa-se uma cor vermelha se o indol estiver presente após a adição de 5 gotas ao meio de cultura, quer SIM quer MIO. Se for negativo, a cor é amarela (MacFaddin, 2003) (Figura 41).

Figura 41: Reagente de Kovacs.

TESTE DE CATALASE:

Função: Detetar a presença da enzima catalase, útil na diferenciação entre *Streptococcus* (-) e *Staphylococcus* (V+).

Como funciona: Quando as flavoproteínas reduzidas ou as proteínas reduzidas que contêm enxofre e ferro se ligam ao oxigénio e às oxidases presentes na cadeia respiratória de todas as bactérias, formam-se dois compostos tóxicos: o peróxido de hidrogénio (H_2O_2) e o radical superóxido (O_2). O H_2O_2 é um produto final oxidativo da degradação aeróbia dos açúcares. A flavoproteína reduzida reage diretamente com o oxigénio gasoso por redução de electrões para formar H_2O_2 e não por ação direta entre o hidrogénio e o oxigénio molecular. As catalases removem cataliticamente os intermediários da redução do oxigénio, como o H_2O_2. A catalase é uma enzima essencial para a defesa biológica contra a toxicidade do oxigénio. A catalase está presente na maioria das bactérias aeróbias e anaeróbias facultativas (aerotolerantes) que contêm citocromos, sendo a principal exceção as espécies de *Streptococcus* que não possuem a enzima catalase (MacFaddin, 2003).

Procedimento: Colocar uma colónia de bactérias numa lâmina e, em seguida, adicionar uma gota de peróxido de hidrogénio.

Interpretação: Positivo (+): Borbulhamento imediato; formação de O_2. Negativo (-): Ausência de borbulhamento; ausência de O_2 (MacFaddin, 2003) (Figura 42).

Figura 42: Ensaio da catalase.

TESTE DA COAGULASE:
Função: Testar a capacidade de um microrganismo coagular o plasma através da ação da enzima coagulase (staphylococcus coagulase).
Modo de ação: A estafilococulase produzida pelo Staphylococcus aureus actua sobre alguns constituintes do soro para produzir um coágulo ou trombo.
Preparação: O plasma de coelho é reidratado com água esterilizada, depois misturado e adicionado a um tubo de ensaio onde as bactérias serão inoculadas.
Componentes: Plasma ou fibrinogénio humano ou de coelho e fibrinogénio fresco esterilizado.
Interpretação: Positivo: Forma-se um coágulo, Negativo: Não há formação de coágulo (MacFaddin, 2003) (Figura 43).

Figura 43: Teste da coagulase.

TESTE DE OXIDASE:
Função: Determinar a presença de enzimas oxidase.
Modo de ação: Este teste baseia-se na produção bacteriana de uma enzima oxidase intracelular. Esta reação de oxidação é devida a um sistema de citocromo oxidase que ativa a oxidação do citocromo reduzido pelo oxigénio molecular.
Modo de utilização: Adicionar algumas gotas do reagente de oxidase ao papel de filtro e, em seguida, espalhar as bactérias no papel com uma platina ou um cabo de madeira.
Interpretação: Positivo: o papel fica roxo, Negativo: o papel fica cor-de-rosa claro (MacFaddin, 2003) (Figura 44).

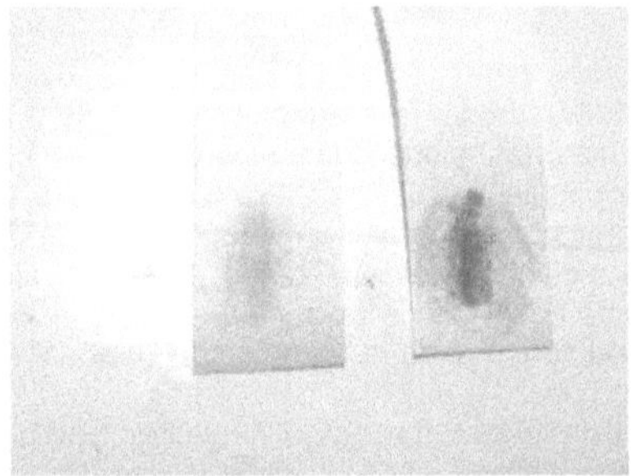

Figura 44: Teste da oxidase.

14.2- Apéndice 2: Pruebas bioquímicas de la tarjeta de Vitek

Para la identificación de Gram negativas:

Medio	Abre-biación	N.o.	Interpretación		Comentarios	Propiedades Fisico Quimicas	Componentes	gm/100 ml
			Positivo	Negativo				
DP 300 p-Coumaric	DP3 COU	1 21	Azul	Azul claro	Se puede producir turbidez sin cambios en el indicador. La reacción es negativa.	Ambos caldos se basan en la capacidad de fermentación de la glucosa en presencia de los inhibidores especificos.	2,4,4-tricloro-2-hidroxi-difenileter-p-Coumaric	0.03 0.02
Control de crecimiento	GC	3	Turbio	Incoloro	Este caldo se utiliza para determinar si el inoculo contiene organismos capaces de crecer en un medio enriquecido. Constituye una fuente para realizar los subcultivos necesarios para requisitos de serología y la confirmación de la pureza del cultivo. El control de crecimiento también se puede usar para realizar pruebas complementarias tales	Caldo de peptona tamponado con triptófano. Permite el crecimiento de la mayoría de las bacterias gramnegtivas que crecen a 35°C.	Peptona. Triptófano.	0.4 0.02

14.2- Apéndice 2: Pruebas bioquímicas de la tarjeta de Vitek (Continuación)

					como indol y motilidad			
Acetamida	ACE	4	Azul	Verde	La turbidez no indica reacción.	La utilización de acetamida produce cambio en el pH	Acetamida	2.0
Esculina	ESC	5	Negro	Incoloro	Es probable que oxidantes de carbohidratos no causen reacciones positivas en 18 horas.	La hidrólisis de la esculina a esculetina que reacciona con los compuestos férricos formando un precipitado negro.	Esculina	0.2
Plant Indican	PLI	6	Negro	Incoloro	Cualquier matiz de gris a negro es reacción positiva.	Se produce una excisión en el grupo D-glucósido que en presencia de oxígeno formará un precipitado negro azul índigo	Indoxil-beta-D-Glucósido	0.2
Urea	URE	7	Azul	Verde	Muchos Productores lentos de ureasa darán reacciones positivas después del periodo de incubación.	La ureasa libera amoniaco de la urea; el amoniaco libre produce un aumento en el pH y el indicador cambia de verde a azul.	Urea	2.0
Citrato	CIT	8	Verde oscuro a azul	Amarillo verde	La utilización del citrato es una re-acción lenta, por eso muchos organismos citrato positivos apa-rcen como negativos.	La utilización de citrato produce un aumento de pH y cambia el indicador de amarillo a verde oscuro o azul.	Citrato	0.4

14.2- Apéndice 2: Pruebas bioquímicas de la tarjeta de Vitek (Continuación)

Malonato	MAL	9	Verde oscuro a azul	Amarillo verde	Después del periodo de incubación podrían aparecer reacciones positivas en la lectura visual.	La utilización del malonato como fuente de carbono produce un aumento en el pH y cambia el indicador de amarillo a verde oscuro a azul.	Malonato	0.8
Triptófano	TDA	10	Marrón	Amarillo	Los organismos indol positivo pueden producir un color amarillento-anaranjado debido a la producción de indol	La deaminasa de triptófano forma ácido indolpirúvico de este aminoácido. El ácido indolpirúvico reacciona con los compuestos fé-rricos resultando en un color marrón	Triptófano	0.75
PolimixinaB	PXB	11	Turbio	Incoloro	Podría disminuir el crecimiento después de 8 horas y no se le considera una reacción positiva	Crecimiento en presencia de Polimixina B en caldo de peptona tamponado.	Polimixina B Peptona	0.03 0.4
Glucosa Lactosa Maltosa Manitol Xilosa (oxidativa)	OFG LAC/ TLA MLT MAN XIL	2 12 13 14 15	Azul	Azul Claro	Es probable que muchos oxidantes de carbohidratos no causen una reacción positiva en 18 hrs.	Se mide la producción aerobia de ácido a partir de la oxidación del sustrato de carbohidrato	Glucosa Lactosa Maltosa Manitol Xilosa	2.0 40.0 2.0 2.0 2.0
Rafinosa Sorbitol Sucrosa	RAF SOR SUC	16 17 18	Azul	Incoloro Turbio Claro	Muchos azúcares podrían aparecer azules o positivos después	Formación de ácido resultante de la utilización de carbohidratos	Rafinosa Sorbitol Sucrosa	2.0 1.0 2.0

14.2- Apéndice 2: Pruebas bioquímicas de la tarjeta de Vitek (Continuación)

Inositol Adonitol Ramnosa L-Arabinosa Glucosa (fermentativa)	INO ADO RHA ARA GLU	19 20 24 25 26			de 8 hrs de incubación, pero serán considerados negativos por Vitek debido a la fermentación. La presencia de burbujas después de la incubación, podría indicar producción de gas.	y una baja del pH. El indicador cambia de incoloro o azul claro a azul o azul oscuro.	Inositol Adonitol Ramnosa L-Arabinosa Glucosa	1.0 2.0 1.0 2.0 2.0
H2S	H2S	22	Negro	Turbio Claro	El precipitado negro puede aclararse después de 18 horas de incubación.	Se produce ácido sulfhídrico a partir del tiosulfato, reaccionando con las sales férrico, produciendo un precipitado negro.	Tiosulfato sódico	0.15
ONPG Fermentación O-Nitrofenil- beta-D- galacto- piranosida	ONPG	23	Azul Oscuro	Incoloro Azul Claro	El color amarillo no es detectado por el sistema óptico de Vitek. Por tanto se mide la producción de ácido (azul).	La hidrólisis de ONPG por la beta-galactosidasa libera orto-nitrofenol a partir de galacto-piranósido. Este azúcar es fermentado dando lugar a un color azul oscuro. Como inductor se utiliza Isopropil-beta-D-tiogalactopiranósido	ONPG IPTG	0.4 0.02
Decarboxila-sa control de base a) Lisina	LIS	29 28	Verde a	Amarillo	Se produce una reacción positiva cuando el Control de Decarboxilasa	a) La lisina decarboxilasa transforma la lisina en cadaverina, una amina primaria. Esta amina	Lisina	2.0

14.2- Apéndice 2: Pruebas bioquímicas de la tarjeta de Vitek (Continuación)

| b) Ornitina
c) Arginina | ORN
ARG | 30
27 | Azul | | Verde | permanece de amarillo a verde claro mientras que el pocillode aminoácido cambia de verde a azul | aumenta el pH cambiando el color del indicador de amarillo a azul.
b) La ornitina decarboxilasa transforma la ornitina en putrescina, una amina primaria básica. Esta amina aumenta el pH cambiando el color del indicador de amarillo a azul.
c) La arginina dihidrolasa transforma la arginina en ornitina, amoniaco y dióxido de crabono. Esto aumenta el pH cambiando el color del indicador de amarillo a azul. | Ornitina
Arginina | 2.0
2.0 |

13.3- Apêndice 3: Resultados obtidos pelo identificador Vitek

ECA 002AM2:
Vitek ID: 002002. Oxidase (-)
Tipo: Cartão de Identificação Gram-negativo (GNI+).
Situação: Concluído.
Duração: 3 horas.
Organismo: *Pantoea agglomerans*.
DP3 (-) OFG (+) GC (+) ACE (-) ESC (+) PLI (+)
URE (-) CIT (-) MAL (-) TDA (-) PXB (-) LAC (-)
MLT (-) MAN (+) XYL (+) RAF (-) SOR (-) SUC (+)
INO (+) ADO (-) COU (-) H2S (-) ONP (-) RHA (+)
ARA (+) GLU (+) ARG (-) LYS (-) ORN (-) OXY (-)
99% *Pantoea agglomerans*.
<1% *Klebsiella rhinoscleromatis*.

ECA 004AM1:
Vitek ID: 004001. Oxidase (-)
Tipo: Cartão de Identificação Gram-negativo (GNI+).
Situação: Preliminar.
Duração: 4 horas.
DP3 (-) OFG (+) GC (+) ACE (-) ESC (-) PLI (-)
URE (-) CIT (-) MAL (-) TDA (-) PXB (-) LAC (-)
MLT (-) MAN (+) XYL (-) RAF (-) SOR (-) SUC (-)
INO (-) ADO (-) COU (-) H2S (-) ONP (-) RHA (-)
ARA (+) GLU (+) ARG (-) LYS (+) ORN (+) OXY (-)
94% Espécies *de Salmonella*.
2% *Hafnia alvei*.

ECA 018AM1:
Vitek ID: 018001. Oxidase (-)
Tipo: Cartão de Identificação Gram-negativo (GNI+).
Situação: Concluído.
Duração: 8 horas.
Organismo: *Pseudomonas aeruginosa*.
DP3 (+) OFG (+) GC (+) ACE (+) ESC (-) PLI (-)
URE (-) CIT (+) MAL (+) TDA (-) PXB (-) LAC (-)
MLT (-) MAN (+) XYL (+) RAF (-) SOR (-) SUC (-)
INO (-) ADO (-) COU (-) H2S (-) ONP (-) RHA (+)
ARA (-) GLU (-) ARG (+) LYS (-) ORN (-) OXY (-)
TLA (-)
99% *Pseudomonas aeruginosa*.
<1% *Pseudomonas fluorescens/putida*.

ECA 031AM2:
Vitek ID: 031002. Oxidase (-)
Tipo: Cartão de Identificação Gram-negativo (GNI+).
Situação: Preliminar.

Duração: 8 horas.
DP3 (-) OFG (-) GC (+) ACE (-) ESC (-) PLI (-)
URE (-) CIT (-) MAL (-) TDA (-) PXB (-) LAC (-)
MLT (-) MAN (-) XYL (-) RAF (-) SOR (-) SUC (-)
INO (-) ADO (-) COU (-) H2S (-) ONP (-) RHA (-)
ARA (-) GLU (-) ARG (+) LYS (-) ORN (-) OXY (-)
99% Presumivelmente *Acinetobacter lwoffii / junii.*
<1% de *Bacillus* Gram-negativos não fermentadores (asaccharolyticus).

ECA 032AM2:
Vitek ID: 032002. Oxidase (-)
Tipo: Cartão de Identificação Gram-negativo (GNI+).
Situação: Concluído.
Duração: 8 horas.
DP3 (-) OFG (+) GC (+) ACE (-) ESC (+) PLI (+)
URE (-) CIT (-) MAL (+) TDA (-) PXB (-) LAC (-)
MLT (+) MAN (+) XYL (-) RAF (-) SOR (-) SUC (-)
INO (-) ADO (-) COU (-) H2S (-) ONP (-) RHA (-)
ARA (+) GLU (+) ARG (-) LYS (-) ORN (-) OXY (-)
71% *Cedecea lapagei.*
23% *Yersinia pestis.*

ECA 036AM2:
Vitek ID: 036002. Oxidase (-)
Tipo: Cartão de Identificação Gram-negativo (GNI+).
Situação: Preliminar.
Duração: 3 horas.
DP3 (-) OFG (+) GC (+) ACE (-) ESC (+) PLI (-)
URE (-) CIT (-) MAL (+) TDA (-) PXB (-) LAC (-)
MLT (-) MAN (+) XYL (+) RAF (-) SOR (-) SUC (-)
INO (-) ADO (-) COU (-) H2S (-) ONP (-) RHA (+)
ARA (+) GLU (+) ARG (-) LYS (-) ORN (+) OXY (-)
82% *Enterobacter carcinogenus.*
4% *Yersinia psuedotuberculosis.*

ECA 050AM2:
Vitek ID: 050002. Oxidase (-)
Tipo: Cartão de Identificação Gram-negativo (GNI+).
Situação: Preliminar.
Duração: 4 horas.
DP3 (-) OFG (+) GC (+) ACE (-) ESC (-) PLI (-)
URE (-) CIT (-) MAL (-) TDA (-) PXB (-) LAC (-)
MLT (-) MAN (+) XYL (+) RAF (-) SOR (-) SUC (-)
INO (-) ADO (-) COU (-) H2S (-) ONP (-) RHA (+)
ARA (+) GLU (+) ARG (-) LYS (+) ORN (+) OXY (-)
60% de *espécies de Salmonella.*
23% *Hafnia alvei.*

ECA 053AM2:

Vitek ID: 053002. Oxidase (-)
Tipo: Cartão de Identificação Gram-negativo (GNI+).
Situação: Preliminar.
Duração: 5 horas.
DP3 (-) OFG (-) GC (+) ACE (-) ESC (-) PLI (-)
URE (-) CIT (-) MAL (-) TDA (-) PXB (-) LAC (-)
MLT (-) MAN (-) XYL (-) RAF (-) SOR (-) SUC (-)
INO (-) ADO (-) COU (-) H2S (-) ONP (-) RHA (-)
ARA (-) GLU (-) ARG (-) LYS (-) ORN (-) OXY (-)
99% Presumivelmente *Acinetobacter lwoffii / junii.*
<1% de *Bacillus* Gram-negativo não fermentador (asaccharolyticus).

ECA 053AM3:
Vitek ID: 053003. Oxidase (-)
Situação: Concluído.
Duração: 8 horas.
Organismo: *Enterobacter amnigenus* biogrupo 2.
DP3 (-) OFG (+) GC (+) ACE (-) ESC (-) PLI (+)
URE (-) CIT (+) MAL (+) TDA (-) PXB (-) LAC (+)
MLT (+) MAN (+) XYL (+) RAF (-) SOR (+) SUC (-)
INO (-) ADO (-) COU (-) H2S (-) ONP (+) RHA (+)
ARA (+) GLU (+) ARG (-) LYS (-) ORN (+) OXY (-)
99% *Enterobacter amnigenus* biogrupo 2.
<1% *Enterobacter carcinogenus.*

ECA 054AM1:
Vitek ID: 054001. Oxidase (-)
Tipo: Cartão de Identificação Gram-negativo (GNI+).
Situação: Concluído.
Duração: 4 horas.
Organismo: *Citrobacter braakii.*
DP3 (+) OFG (+) GC (+) ACE (-) ESC (-) PLI (-)
URE (-) CIT (-) MAL (-) TDA (-) PXB (-) LAC (+)
MLT (+) MAN (+) XYL (+) RAF (-) SOR (+) SUC (-)
INO (-) ADO (-) COU (-) H2S (+) ONP (+) RHA (+)
ARA (+) GLU (+) ARG (-) LYS (-) ORN (+) OXY (-)
99% *Citrobacter braakii.*
<1% *Citrobacter freundii / youngae.*

ECA 005VB2:
Vitek ID: 000502. Oxidase (-)
Tipo: Cartão de Identificação Gram-negativo (GNI+).
Situação: Preliminar.
Duração: 2 horas.
DP3 (-) OFG (+) GC (+) ACE (-) ESC (-) PLI (-)
URE (-) CIT (-) MAL (-) TDA (-) PXB (-) LAC (-)
MLT (-) MAN (+) XYL (-) RAF (-) SOR (+) SUC (-)
INO (-) ADO (-) COU (-) H2S (-) ONP (+) RHA (-)
ARA (+) GLU (+) ARG (-) LYS (-) ORN (+) OXY (-)

86% *Shigella sonnei.*
10% *Yersinia kristensenii.*

ECA 023VB1:
Vitek ID: 002301. Oxidase (-)
Tipo: Cartão de Identificação Gram-negativo (GNI+).
Situação: Concluído.
Duração: 4 horas.
Organismo: *Complexo Citrobacter freundii.*
DP3 (+) OFG (+) GC (+) ACE (-) ESC (-) PLI (-)
URE (-) CIT (-) MAL (-) TDA (-) PXB (-) LAC (+)
MLT (+) MAN (+) XYL (+) RAF (+) SOR (+) SUC (-)
INO (+) ADO (-) COU (+) H2S (+) ONP (+) RHA (+)
ARA (+) GLU (+) ARG (-) LYS (-) ORN (+) OXY (-)
99% *complexo Citrobacter freundii.*
<1% *Citrobacter amalonaticus.*

ECA 026VB1:
Vitek ID: 002601. Oxidase (-)
Tipo: Cartão de Identificação Gram-negativo (GNI+).
Situação: Concluído.
Duração: 4 horas.
Organismo: *Enterobacter amnigenus* biogrupo 2.
DP3 (-) OFG (+) GC (+) ACE (-) ESC (-) PLI (+)
URE (-) CIT (+) MAL (+) TDA (-) PXB (-) LAC (-)
MLT (+) MAN (+) XYL (+) RAF (-) SOR (+) SUC (-)
INO (-) ADO (-) COU (-) H2S (-) ONP (-) RHA (+)
ARA (+) GLU (+) ARG (-) LYS (-) ORN (+) OXY (-)
99% *Enterobacter amnigenus* biogrupo 2.
<1% *Enterobacter carcinogenus.*

ECA 028VB3:
Vitek ID: 002803. Oxidase (+)
Tipo: Cartão de Identificação Gram-negativo (GNI+).
Situação: Concluído.
Duração: 5 horas.
Organismo: *Pseudomonas aeruginosa.*
DP3 (+) OFG (+) GC (+) ACE (+) ESC (-) PLI (-)
URE (-) CIT (+) MAL (+) TDA (-) PXB (-) LAC (-)
MLT (-) MAN (+) XYL (-) RAF (-) SOR (-) SUC (-)
INO (-) ADO (-) COU (-) H2S (-) ONP (-) RHA (-)
ARA (-) GLU (-) ARG (+) LYS (-) ORN (-) OXY (+)
TLA (-)
99% *Pseudomonas aeruginosa.*
<1% *Pseudomonas fluorescens / putida.*

ECA 043VB2:
Vitek ID: 004302. Oxidase (-)
Tipo: Cartão de Identificação Gram-negativo (GNI+).

Situação: Concluído.
Duração: 4 horas.
Organismo: *Citrobacter braaki*
DP3 (+) OFG (+) GC (+) ACE (-) ESC (-) PLI (-)
URE (-) CIT (-) MAL (-) TDA (-) PXB (-) LAC (+)
MLT (+) MAN (+) XYL (+) RAF (+) SOR (+) SUC (-)
INO (-) ADO (-) COU (+) H2S (+) ONP (+) RHA (+)
ARA (+) GLU (+) ARG (-) LYS (-) ORN (+) OXY (-)
99% *Citrobacter braaki.*
<1% Citrobacter amalonaticus.

ECA 044VB1:
Vitek ID: 004401. Oxidase (-)
Tipo: Cartão de Identificação Gram-negativo (GNI+).
Situação: Concluído.
Organismo: *Hafnia alvei.*
DP3 (-) OFG (+) GC (+) ACE (-) ESC (-) PLI (-)
URE (-) CIT (-) MAL (-) TDA (-) PXB (-) LAC (-)
MLT (+) MAN (+) XYL (+) RAF (-) SOR (-) SUC (-)
INO (-) ADO (-) COU (-) H2S (-) ONP (-) RHA (+)
ARA (+) GLU (+) ARG (-) LYS (+) ORN (+) OXY (-)
94% *Hafnia alvei.*
2% de *Escherichia fergusonii.*

ECA 050VB1:
Vitek ID: 005001. Oxidase (-)
Tipo: Cartão de Identificação Gram-negativo (GNI+).
Situação: Concluído.
Duração: 3 horas.
Organismo: *Enterobacter amnigenus* biogrupo 2.
DP3 (-) OFG (+) GC (+) ACE (-) ESC (+) PLI (-)
URE (-) CIT (-) MAL (+) TDA (-) PXB (-) LAC (-)
MLT (+) MAN (+) XYL (+) RAF (-) SOR (+) SUC (-)
INO (-) ADO (-) COU (-) H2S (-) ONP (+) RHA (+)
ARA (+) GLU (+) ARG (-) LYS (-) ORN (+) OXY (-)
97% *Enterobacter amnigenus* biogrupo 2.
2% *Enterobacter carcinogenus.*

ECA 052VB2:
Vitek ID: 005202. Oxidase (-)
Tipo: Cartão de Identificação Gram-negativo (GNI+).
Situação: Preliminar.
Duração: 3 horas.
DP3 (+) OFG (+) GC (+) ACE (-) ESC (-) PLI (-)
URE (-) CIT (-) MAL (-) TDA (-) PXB (-) LAC (+)
MLT (-) MAN (+) XYL (+) RAF (-) SOR (+) SUC (-)
INO (-) ADO (-) COU (-) H2S (+) ONP (+) RHA (+)
ARA (+) GLU (+) ARG (-) LYS (-) ORN (+) OXY (-)
99% *Citrobacter braakii.*

<1% *Citrobacter amalonaticus.*

ECA 054VB2:
Vitek ID: 005402. Oxidase (-)
Tipo: Cartão de Identificação Gram-negativo (GNI+).
Situação: Concluído.
Duração: 8 horas.
Organismo: *Pseudomonas aeruginosa.*
DP3 (+) OFG (+) GC (+) ACE (+) ESC (-) PLI (-)
URE (-) CIT (+) MAL (+) TDA (-) PXB (-) LAC (-)
MLT (-) MAN (+) XYL (+) RAF (-) SOR (-) SUC (-)
INO (-) ADO (-) COU (-) H2S (-) ONP (-) RHA (-)
ARA (-) GLU (-) ARG (+) LYS (-) ORN (-) OXY (-)
TLA (-)
99% *Pseudomonas aeruginosa.*
<1% *Pseudomonas fluorescens / putida.*

ECA 001XLD2:
Vitek ID: 000012. Oxidase (+)
Tipo: Cartão de Identificação Gram-negativo (GNI+).
Situação: Concluído.
Duração: 6 horas.
Organismo: *Pseudomonas aeruginosa.*
DP3 (+) OFG (+) GC (+) ACE (+) ESC (-) PLI (-)
URE (-) CIT (+) MAL (+) TDA (-) PXB (-) LAC (-)
MLT (-) MAN (+) XYL (-) RAF (-) SOR (-) SUC (-)
INO (-) ADO (-) COU (-) H2S (-) ONP (-) RHA (-)
ARA (-) GLU (-) ARG (+) LYS (-) ORN (-) OXY (+)
TLA (-)
99% *Pseudomonas aeruginosa.*
<1% *Pseudomonas fluorescens / putida.*

ECA 002XLD1:
Vitek ID: 000021. Oxidase (+)
Tipo: Cartão de identificação "Gram Negativo" (GNI+).
Situação: Concluído.
Duração: 6 horas.
Organismo: *Pseudomonas aeruginosa.*
DP3 (+) OFG (+) GC (+) ACE (+) ESC (-) PLI (-)
URE (-) CIT (+) MAL (+) TDA (-) PXB (-) LAC (-)
MLT (-) MAN (+) XYL (-) RAF (-) SOR (-) SUC (-)
INO (-) ADO (-) COU (-) H2S (-) ONP (-) RHA (-)
ARA (-) GLU (-) ARG (+) LYS (-) ORN (-) OXY (+)
TLA (-)
99% *Pseudomonas aeruginosa.*
<1% *Pseudomonas fluorescens / putida.*

ECA 026XLD1:
Vitek ID: 000261. Oxidase (-)

Tipo: Cartão de identificação "Gram Negativo" (GNI+).
Situação: Concluído.
Duração: 8 horas.
Organismo: *Pseudomonas aeruginosa*.
DP3 (+) OFG (+) GC (+) ACE (+) ESC (-) PLI (-)
URE (-) CIT (+) MAL (+) TDA (-) PXB (-) LAC (-)
MLT (-) MAN (+) XYL (+) RAF (-) SOR (-) SUC (-)
INO (-) ADO (-) COU (-) H2S (-) ONP (-) RHA (-)
ARA (-) GLU (-) ARG (+) LYS (-) ORN (-) OXY (-)
TLA (-)
99% *Pseudomonas aeruginosa*.
<1% *Pseudomonas fluorescens / putida*.

ECA 027XLD1:
Vitek ID: 000271. Oxidase (+)
Tipo: Cartão de identificação "Gram Negativo" (GNI+).
Situação: Concluído.
Duração: 6 horas.
Organismo: *Pseudomonas aeruginosa*.
DP3 (+) OFG (+) GC (+) ACE (+) ESC (-) PLI (-)
URE (-) CIT (+) MAL (+) TDA (-) PXB (-) LAC (-)
MLT (-) MAN (+) XYL (+) RAF (-) SOR (-) SUC (-)
INO (-) ADO (-) COU (-) H2S (-) ONP (-) RHA (-)
ARA (-) GLU (-) ARG (+) LYS (-) ORN (-) OXY (+)
TLA (-)
99% *Pseudomonas aeruginosa*.
<1% *Pseudomonas fluorescens / putida*.

ECA 031XLD2:
Vitek ID: 000312. Oxidase (+)
Tipo: Cartão de identificação "Gram Negativo" (GNI+).
Situação: Concluído.
Duração: 5 horas.
Organismo: *Pseudomonas aeruginosa*.
DP3 (+) OFG (+) GC (+) ACE (+) ESC (-) PLI (-)
URE (-) CIT (+) MAL (+) TDA (-) PXB (-) LAC (-)
MLT (-) MAN (+) XYL (-) RAF (-) SOR (-) SUC (-)
INO (-) ADO (-) COU (-) H2S (-) ONP (-) RHA (-)
ARA (-) GLU (-) ARG (+) LYS (-) ORN (-) OXY (+)
TLA (-)
99% *Pseudomonas aeruginosa*.
<1% *Pseudomonas fluorescens / putida*.

ECA 032XLD2:
Vitek ID: 000322. Oxidase (-)
Tipo: Cartão de Identificação Gram-negativo (GNI+).
Situação: Concluído.
Duração: 8 horas.
Organismo: *Pseudomonas aeruginosa*.

DP3 (+) OFG (+) GC (+) ACE (+) ESC (-) PLI (-)
URE (-) CIT (+) MAL (+) TDA (-) PXB (-) LAC (-)
MLT (-) MAN (+) XYL (-) RAF (-) SOR (-) SUC (-)
INO (-) ADO (-) COU (-) H2S (-) ONP (-) RHA (-)
ARA (-) GLU (-) ARG (+) LYS (-) ORN (-) OXY (-)
TLA (-)
99% *Pseudomonas aeruginosa.*
<1% *Pseudomonas fluorescens / putida.*

ECA 041XLD1:
Vitek ID: 000411. Oxidase (-)
Tipo: Cartão de Identificação Gram-negativo (GNI+).
Situação: Concluído.
Duração: 4 horas.
Organização: *Providencia rettgeri.*
DP3 (+) OFG (+) GC (+) ACE (-) ESC (+) PLI +
URE (-) CIT (-) MAL (-) MAL (-) TDA (+) PXB (+) LAC -
MLT (-) MAN (+) XYL (-) RAF (-) SOR (-) SUC -
INO (+) ADO (+) COU (-) H2S (-) ONP (-) RHA +
ARA (-) GLU (+) ARG (-) LYS (-) ORN (-) OXY -
99% *Providencia rettgeri.*

ECA 050XLD1:
Vitek ID: 000501. Oxidase (-)
Tipo: Cartão de Identificação Gram-negativo (GNI+).
Situação: Concluído.
Duração: 4 horas.
Organismo: *Hafnia alvei.*
DP3 (-) OFG (+) GC (+) ACE (-) ESC (-) PLI (-)
URE (-) CIT (-) MAL (-) TDA (-) PXB (-) LAC (-)
MLT (+) MAN (+) XYL (+) RAF (-) SOR (-) SUC (-)
INO (-) ADO (-) COU (-) H2S (-) ONP (-) RHA (+)
ARA (+) GLU (+) ARG (-) LYS (+) ORN (+) OXY (-)
94% *Hafnia alvei.*
2% de *Escherichia fergusonii.*

ECA 050XLD2:
Vitek ID: 000502. Oxidase (-)
Tipo: Cartão de Identificação Gram-negativo (GNI+).
Situação: Concluído.
Duração: 5 horas.
Organismo: *Hafnia alvei.*
DP3 (-) OFG (+) GC (+) ACE (-) ESC (-) PLI (-)
URE (-) CIT (+) MAL (-) TDA (-) PXB (-) LAC (-)
MLT (+) MAN (+) XYL (+) RAF (-) SOR (-) SUC (-)
INO (-) ADO (-) COU (-) H2S (-) ONP (-) RHA (+)
ARA (+) GLU (+) ARG (-) LYS (+) ORN (+) OXY (-)
96% *Hafnia alvei.*
3% *Yokenella regensburgei (Koserella trabulsii).*

ECA 051XLD1:
Vitek ID: 000511. Oxidase (-)
Tipo: Cartão de Identificação Gram-negativo (GNI+).
Situação: Concluído.
Duração: 3 horas.
Organismo: *Citrobacter braakii.*
DP3 (+) OFG (+) GC (+) ACE (-) ESC (-) PLI (-)
URE (-) CIT (-) MAL (-) TDA (-) PXB (-) LAC (+)
MLT (+) MAN (+) XYL (+) RAF (+) SOR (+) SUC (-)
INO (-) ADO (-) COU (+) H2S (+) ONP (+) RHA (+)
ARA (+) GLU (+) ARG (-) LYS (-) ORN (+) OXY (-)
99% *Citrobacter braaki.*
<1% *Citrobacter amalonaticus.*